Hans-Peter Scholz

Kaninchenkompass

Hans-Peter Scholz

Kaninchenkompass

Rassekaninchen auf einen Blick

5., erweiterte und aktualisierte Auflage

Oertel+Spörer

Bildnachweis
Titelbild: Karin Wolters (4)
Innenteilbilder:
B&S Fotostudio: S. 60, 105, 155, 212, 213, 221
Tobias Reinmuth: S. 48, 55, 81, 88, 99, 110, 117, 135(2), 136, 138, 144, 159u., 165(2), 167(2), 171, 175u., 177(2), 178, 180, 181, 182, 203, 222, 238, 245, 247(2)
Sabine Rübensaat: S. 10, 86, 163, 168o., 234, 241
Josef Wolters: S. 204, 218
Dirk Wortmann: S. 25, 64, 85, 208, 214
Alle anderen Fotos von Karin Wolters.

Haftungsausschluss
Die Hinweise in diesem Buch wurden vom Autor sorgfältig recherchiert und geprüft. Es können jedoch keinerlei Garantien übernommen werden. Eine Haftung des Autors, des Verlags und seiner Beauftragten für Personen-, Sach- und Vermögensschäden ist ausgeschlossen. Sämtliche Teile des Werks sind urheberrechtlich geschützt. Jede Verwertung außerhalb der engen Grenzen des Urheberrechtsgesetzes ist ohne die schriftliche Zustimmung des Verlags und des Autors unzulässig und strafbar. Dies gilt insbesondere für Vervielfältigungen, Übersetzungen, Mikroverfilmungen und die Einspeicherung und Verarbeitung in elektronischen Systemen.

Bibliografische Information der Deutschen Nationalbibliothek
Die Deutsche Nationalbibliothek verzeichnet diese Publikation in der Deutschen Nationalbibliografie; detaillierte bibliografische Daten sind im Internet über http://dnb.d-nb.de abrufbar.

Postfach 16 42 · 72706 Reutlingen

Lektorat: Dr. Gabriele Lehari
DTP und Repro: raff digital gmbh, Riederich
Druck und Bindung: Oertel+Spörer Druck und Medien GmbH + Co., Riederich
Printed in Germany
ISBN 978-3-88627-763-6

Inhalt

Alphabetisches Rasseverzeichnis

1,0 Japaner

Vorwort

Bei der Beschäftigung mit der anspruchsvollen Aufgabe, dieses schöne Standardwerk für Rassekaninchenfreunde auf den aktuellen Stand zu bringen, ließ ich die Entwicklung der Rassekaninchenzucht seit 1969 noch einmal im Kopf Revue passieren. 1969 hatte ich als 14-jähriger Bub, als Jungzüchter, intensiv mit der Rassekaninchenzucht begonnen. Damals gab es nur einen Bruchteil der heutigen Rassen und Farbenschläge und das Wissen um die Kaninchen und ihre Zucht war oft althergebracht und orientierte sich meist an dem, was alte Züchter bereits von Vorgängergenerationen erfahren hatten und weiter berichteten.
Große Wichtigkeit hatte damals noch die Wirtschaftlichkeit. Beliebt waren große und mittelgroße Kaninchenrassen. Das Ausstellen war schon schön und interessant, aber auch der anständige Braten und gut ausgehaarte Felle zur weiteren Verwendung hatten einen hohen Stellenwert. Und selbst der Mist war ein wertvolles Nebenprodukt, da fast jeder noch einen Garten hatte, in dem er sich sein Gemüse selbst anbaute, und den Dünger gut gebrauchen konnte. Die Gesellschaft war weitgehend kleinbäuerlich geprägt und viele Menschen hatten noch gute Verbindungen zur Landwirtschaft.

Mit dem steigenden Wohlstand, dem Wirtschaftswunder und dem großen Bauernsterben änderte sich das jedoch. Die landwirtschaftliche Denke geriet immer mehr in den Hintergrund und in der Rassekaninchenzucht wurde die Beschäftigung mit dem Tier als Freizeitausgleich und seine Zucht nach einem Standardideal zum beherrschenden Element. Wissenschaftliche Erkenntnisse aus der modernen Tierzucht und -haltung, die das Kaninchen als Fleischlieferanten entdeckt hatten und an ihm forschten, kamen auch den Züchtern zugute. Kontakte mit ausländischen Züchtern der Nachbarländer, aber auch bis nach Nordamerika, weckten begehrliches Interesse an neuen Rassen, die es in Deutschland noch nicht gab. So verbreiterte sich die Basis der Rassekaninchenzucht einerseits um attraktive ausländische Rassen, die nachgezüchtet wurden, aber auch um neue Farbenschläge der althergebrachten Rassen. Diese Entwicklung wurde von eher konservativen Züchtern und Kaninchenzuchtfunktionären teilweise hart kritisiert, ließ sich jedoch letztlich nicht aufhalten.

Der Genpool unserer Kaninchen enthält ein schier unendliches Reservoire an Kombinationen, die lange noch nicht ausgeschöpft sind und die einfach zur Schaffung immer neuer Kombinationsrassen einladen.
Auch die Weiterentwicklung des Tierschutzes hat in den letzten Jahren Einfluss auf die Rassekaninchenzucht genommen und das Gesicht einiger Rassen verändert ebenso wie mit neuen Anforderungen an die Haltungsbedingungen sich die Zucht und die Möglichkeiten der Züchter verändert haben.

Wie nahezu alle Hobbys, die in Vereinen betrieben werden, ist auch die Rassekaninchenzucht seit einigen Jahren rückläufig. Es ist halt schwieriger geworden, junge Menschen in typische Vereinsstrukturen einzubinden. Aber trotz aller Änderungen der Gesellschaft und des Zeitgeistes, hat die Rassekaninchenzucht sich bisher sehr flexibel angepasst, schöne und zeitgemäße, interessante neue Rassen geschaffen, sodass man optimistisch in die Zukunft schauen sollte.

Die 5., völlig überarbeitete Auflage des beliebten Kaninchenkompasses, der jetzt wieder aktuell ist, wird den Liebhabern der Rassekaninchen weiter ein treuer Weggefährte und ein handliches, universelles Fachbuch und Nachschlagwerk bleiben, davon bin ich überzeugt.

Welkenbach im März 2015
Hans-Peter Scholz

Beurteilung von Kaninchen

Kaninchen werden im Wettbewerb von Preisrichtern bewertet, die zu diesem Zweck eine dreijährige Ausbildung und zwei Prüfungen, mit denen sie ihr theoretisches und praktisches Wissen unter Beweis stellen mussten, hinter sich gebracht haben. Im Gegensatz zu anderen Tierarten, bei denen es für jede Rasse Spezialrichter gibt, kennen wir bei den Rassekaninchen nur den Universalrichter, der alle Rassen bewerten können muss.

Spezialrichter im eigenen Stall muss jedoch vor allem der Züchter selbst sein. Er muss seine Rasse genau kennen und in der Lage sein, seine Tiere zu beurteilen. Denn nur so kann er die richtige Auswahl der Tiere für die Ausstellung und Zucht vornehmen, die letztlich über seinen Erfolg entscheidet.

Die Zucht steht also im Wesentlichen auf zwei Beinen, nämlich erstens der Kenntnis der Genetik und zweitens dem Vermögen, diese in die Praxis umzusetzen. Hierzu muss man natürlich seine Tiere richtig beurteilen können. Dass manche Züchter hierbei noch Schwierigkeiten haben, beweisen die vielen „nicht bewertbaren“ Tiere auf unseren Ausstellungen.

Der erste Blick

Wichtig bei der Beurteilung ist der erste Blick. Setzt man sich ein Tier auf den Tisch, so muss man mit dem ersten Blick erfassen, ob dieses dem Rassetyp entspricht. Außerdem sollte man auch gleichzeitig feststellen, ob das Tier gesund ist. Offensichtliche Fehler wie falsche Augenfarbe, fehlerhafter Farbanflug, Abweichungen der Farbe nach hell oder dunkel müssen sofort ins Auge fallen. Der erste Blick ruft in uns ein „Vorurteil“ über das Tier hervor.

Die weitere Untersuchung des Tieres sollte dazu dienen, dieses erste Urteil zu objektivieren, nicht jedoch es zu bestätigen. Denn sonst übersieht man Fehler oder redet sich gar selbst ein, dass das Tier mit solchen nicht behaftet sei. So kommen in der Regel dann auch die Enttäuschungen über Bewertungen der Tiere auf den Ausstellungen zustande, die dort – nicht unbedingt das Ansehen unserer Sache fördernd – oft lautstark zwischen den Käfigen zum Ausdruck gebracht werden.

Durch Vermittlung von Fach- und Hintergrundwissen soll dieses Buch dazu beitragen, den Züchter in die Lage zu versetzen, seine Tiere selbst richtig „zu bewerten“.

Allgemeines zum Gewicht

Das Gewicht sollte bereits im Züchterstall nur mit einer genauen Waage ermittelt werden. Auch Jungtiere sollten öfter gewogen werden. Die Gewichtstabellen über

Jugendwachstum, wie sie in vielen alten Büchern abgedruckt waren, sind jedoch wenig sinnvoll. In der frühesten Jugend der Tiere hängt das Wachstum sehr stark von der Wurfstärke ab. So wird die Gewichtsentwicklung eines Dreierwurfes regelmäßig weit über der eines Zehnerwurfes liegen, obwohl man züchterisch Letzteren höher einstufen muss. Wiegt man die Tiere dann alle im Alter von sechs Monaten noch einmal, haben sie meist gleichgezogen.
Auch ist die Gewichtsentwicklung stark von der Fütterung abhängig. Welche Fütterungsart besser ist, lässt sich nicht sagen: Die Fütterung überwiegend mit Fertigfutter ist teurer, aber bequemer. Bei ihr liegt eine Gefahr darin, dass die Tiere früh verfetten und sich durch das schnelle Wachstum bestimmte Formfehler verstärken.

Die Fütterung mit wirtschaftseigenem Futter ist preiswerter, aber arbeitsaufwändiger. Bei ihr liegt eine Gefahr darin, dass sie zu einseitig ausfällt und es zu Mangelerscheinungen kommt, wenn beispielsweise nur eine bestimmte Pflanzensorte als Grünfutter gegeben wird. Jedoch wachsen bei dieser Art der Fütterung die Tiere langsamer und neigen weniger zu umweltbedingten Formfehlern. (Ausführliche Informationen zur richtigen Kaninchenfütterung finden Sie in dem Buch „Kaninchenfütterung“, erschienen 2015 bei Oertel+Spörer.)

Die Körperform

Zuerst wird die Körperform insgesamt überprüft. Entspricht sie dem Rassetyp? Ist das Tier, wie der Standard fordert, gestreckt, leicht gestreckt, leicht gedrungen, gedrungen oder gar blockig? Geht man hier streng mit den Tieren ins Gericht, wird man bereits einige finden, die vom Rassetyp abweichen. Der Rumpf muss vom Becken bis zu den Schultern gleich breit sein. Lediglich bei den gestreckten und den leicht gestreckten Typen ist eine leichte Verjüngung von hinten nach vorne zu tolerieren.
Dann erfolgt eine Detailbeurteilung. Empfehlenswert ist diese, wenn das Tier in normaler rassetypischer Stellung auf dem Tisch sitzt. Die Hals- und Brustpartie ist auf Wammenbildung und loses Brustfell zu untersuchen. Hierbei sollte jedoch nur das beurteilt werden, was bei normaler Stellung sichtbar ist; es sollte nicht am Brustfell gezogen werden.

Rammler aller Rassen sollen frei von jeglichem Wammenansatz sein. Als ideal gilt auch bei allen Rassen eine wammenfreie Häsin. Die zulässige Ausprägung der Wamme bei Häsinnen und deren Bewertung ist bei den einzelnen Rassen beschrieben. Dazu gehören auch die Kinnknoten. Hier gilt bei allen Rassen, dass ein gut geformter, nicht zu großer Kinnknoten nicht bestraft wird. Ein stark ausgeprägter Kinnknoten wird hingegen als schwerer Fehler bewertet.

Mittlerweile wird der Wichtigkeit der Läufe und des Standes mehr Tribut gezollt. Dies dürfte langfristig zur Folge haben, dass der Anteil an Tieren mit einwandfreien Vorderläufen immer größer wird.

Die Rückenlinie muss harmonisch verlaufen. Wird sie, wie bei den gedrungenen Rassen, ebenmäßig gefordert, muss der Rücken wie ein Tisch sein: breit und flach. Die Hinterpartie sollte stets gut gerundet sein.

Ein Vorstehen der Hüftbeinknochen ist immer ein Fehler, der die Qualität eines Tieres deutlich herabsetzt. Dieser Fehler, ebenso wie das Abstehen der Schenkel, deutet vielfach auf eine Fehlstellung der Hinterläufe hin. Die Hinterläufe sollten parallel zueinander stehen. Tiere mit abstehenden Schenkeln sind sehr oft kuhhessig, das heißt, die Krallen sind deutlich weiter auseinander als die Fersen.

Als weiterer Formfehler gelten versteifte Zehen: Leichte Fehler sind teilweise versteifte Zehen. Als schwere Fehler gelten gänzlich versteifte, das heißt in den Zehengelenken nicht mehr zu bewegende steif nach oben, unten oder schräg zur Seite abstehende Zehen einschließlich der Krallen. Schon wenn eine Zehe davon betroffen ist, gilt dies als Fehler.

Ein weiterer Fehler der Rückenlinie sind die losen Schultern. Solche Tiere zeigen einen Knick hinter den Schulterblättern, der auf einer Gewebeschwäche der Bänder beruht, die über dem Rücken die Schultern zusammenhalten. Oft haben gerade diese Tiere auch einen dicken Fressbauch.

Die Blume sollte in ihrer Länge zur Körperform passen, bei gedrungenen Typen ist sie kürzer als bei gestreckten. Sie sollte bei jedem Tier daraufhin abgefühlt werden, ob sie Knicke, Versteifungen oder Brüche aufweist oder ob an ihrer Spitze einige Glieder fehlen. Die Blume sollte gerade und eng am Körper anliegend getragen werden.

Wichtig ist auch die Überprüfung der Geschlechtsorgane, insbesondere beim Rammler. Der Penis sollte ganz aus seiner Hülle herausgestülpt werden. Er zeigt nur an der Spitze eine kleine Öffnung und ist nicht mit einer Haut an seiner Hülle angewachsen. Wie meine Erfahrung zeigt, sind Formfehler wie ein angewachsener oder gespaltener Penis stark vererblich. Die Vermutung liegt nahe, dass die Vererbung über mehrere, gleich gerichtete Gene erfolgt, die sich kumulieren. Für die Zucht sollte man daher selbst von solchen Tieren Abstand nehmen, die diese Fehler nur ansatzweise zeigen.

Auch die Hoden sind zu prüfen. Diese sollten normal groß und fest sein. Das Gewebe der Hodensäcke darf nicht schlaff sein. Tiere mit überlangen Hodensäcken, die daher Hänge- oder Schlepphoden zeigen, gehören weder auf die Ausstellung noch in die Zucht.

Die übrigen Feinheiten, die zu beachten sind, finden Sie bei den einzelnen Rassebeschreibungen aufgeführt.

Fehler

Die Beschreibung der fehlerhaften Abweichungen in Position 2 „Körperform, Typ und Bau“ im allgemeinen Teil des Standards wird folgendermaßen konkretisiert:

Leichte Fehler (L. F.): Schmaler oder nach vorne verjüngter Körper, schmale Brust, langer Hals; abstehende Hinterschenkel; abfallende, eckige (durch vorstehende Hüftknochen!) oder spitz verlaufende Hinterpartie; schmales Becken; Hervortreten der Schulterblätter, lose Schultern, Knick hinter den Schulterblättern; Erhöhungen oder Vertiefungen in der Rückenlinie; Hängebauch; nicht parallel zum Körper stehende Hinterläufe; leichtes Durchtreten der Vorderläufe; schwache und dünne Vorderläufe; teilweise versteifte Zehe oder Zehen; spielende, schleppend getragene, an der Spitze etwas krumme oder gebrochene, in der Länge nicht dem Körper entsprechende Blume; leichte Verkürzung der Blume; teilweise versteifte Blume; Hautfalten an den Hinterschenkeln; etwas lose am Körper sitzende Fellhaut. Kleinere Zahnfehler sind mit einem halben Punkt Abzug zu bewerten.
Hängehoden; leicht gespaltener Penis; infolge angewachsener Vorhaut leicht gebogener Penis; etwas große Wamme bei allen großen und mittelgroßen Rassen (außer Hasenkaninchen, siehe „Schwere Fehler“) sowie bei den Haarstrukturrassen, den Kurzhaarrassen (außer Zwerg-Rexen) und den Langhaarrassen (außer Jamora und Zwergfuchskaninchen); Wammenansatz bei den Hasenkaninchen und allen kleinen Rassen; bei älteren Häsinnen ist Wammenansatz zulässig (zu den Zwergrassen, siehe „Schwere Fehler“).

Schwere Fehler (S. F.): Vollständige Abweichung vom Typ, starke Abweichung im Verhältnis von Länge, Breite und Tiefe des Rumpfes (außer bei Hasenkaninchen), ausgesprochener Steilrücken; X- oder O-Beine; starkes Durchtreten der Vorderläufe; starke Kuhhessigkeit; gänzlich versteifte, das heißt in den Zehengelenken nicht mehr zu bewegende, steif nach oben, unten oder schräg zur Seite abstehende Zehe oder Zehen einschließlich der Kralle bzw. Krallen; körperliche Missbildungen und schwere Verstümmelungen.
Stark ausgeprägter Kinnknoten; schiefe Blume; in der ganzen Länge gänzlich versteifte Blume; starke Verkürzung, das heißt weniger als die Hälfte der normalen Länge der Blume; stark lose Fellhaut; Kieferdeformationen, Zahnanomalien, Tränenabflussstörungen; Überwachsen der Flügelhaut bei einem oder beiden Augen.
Fehlen einer oder beider Hodentaschen; Schlepphoden; völlig gespaltener Penis; infolge an der Penisspitze angewachsener Vorhaut stark gebogener, nicht mehr gerade zu streckender Penis; Fehlen einer oder mehrerer Krallen mit Ausnahme

der Daumenkrallen (die Daumenkralle bleibt unberücksichtigt, wenn sie fehlt oder andersfarbig ist oder anderweitig anatomisch verändert ist).
Zottel-, Bein-, Bauch- oder Doppelwamme bei allen Rassen; schiefe oder stark ausgeprägte Wamme bei allen Rassen; Wamme bei den Hasenkaninchen und allen kleinen Rassen, Ausnahmen lediglich bei älteren Häsinnen der Rassen Hasenkaninchen, Kleinschecken, Separator, Deutsche Kleinwidder, Kleinchinchilla, Deilenaar, Marburger Feh, Sachsengold und Rhönkaninchen, bei denen als Folge ihres etwas höheren Gewichts eine kleine Wamme als leichter Fehler zu bewerten ist; Wammenansatz bei Zwergwiddern, Zwergschecken, Hermelin, Farbenzwergen, Zwerg-Rexen, Jamora und Zwergfuchskaninchen; Wamme und Wammenansatz bei Rammlern aller Rassen.

Kopf und Ohren

Kopf und Ohren sind ein Teil der Körperform, der bei einem Großteil der Rassen zu einer eigenen Bewertungsposition erhoben wurde. Jedoch gibt es auch hier Gesichtspunkte, die allgemein für alle Rassen gelten. Darüber hinaus werden folgende allgemeine Fehler von Kopf und Ohren bei allen Tieren, gleichgültig, ob sie eine eigene Position „Kopf und Ohren“ haben, in der Position 2 bewertet: Biss- und Risswunden sowie Verstümmelungen an Kopf, Ohren und Augen, ebenso alle anatomischen Veränderungen wie beispielsweise fehlerhafte Zahnstellung.

Der Kopf sollte harmonisch zum betreffenden Tier passen. Das ist weder der Fall bei einem wuchtigen Kopf auf einem zierlichen oder gestreckten Tier noch bei einem zierlichen Kopf auf einem vollrumpfigen, blockigen Tier.
Der Geschlechtscharakter ist am Kopf erkennbar. Das heißt jedoch nicht, dass der Häsinnenkopf schwächer sein sollte. Häsinnen sollten nahezu die gleiche Stirn- und Schnauzenbreite zeigen wie Rammler. Die geschlechtsspezifische, extrem starke Kinnbackenausprägung finden wir jedoch nur beim Rammlerkopf.
Die Ohren sind bei allen Rassen, mit Ausnahme der Widderkaninchen, dann zum Tier passend, wenn sie etwa ein Viertel der Länge des gesamten Tieres haben. Bei den Riesenrassen sind das rund 18 bis 21 cm, bei den Mittelrassen zwischen 10 und 13 cm, bei den kleinen Rassen zwischen 9 und 10 cm und bei den Zwergen 5 bis 5,5 cm. Bei sehr gedrungenen Rassen sind die Ohrmuscheln vollfleischig im Gewebe, bei den gestreckten Rassen etwas feiner. Sie sollten nicht zu breit gestellt sein, etwa in der Form einer römischen Fünf, und an den Enden nicht faltig, sondern löffelartig gerundet sein.

Zum Kopf gehören auch das Gebiss und die Augen. Gerade diese beiden Merkmale verdienen infolge der Tendenz zu einem immer stärkeren Kopf mehr Beachtung.

Zahnanomalien werden immer häufiger. Nicht nur das leidige Überbeißen, das zu langen Zähnen führt, sondern auch das sogenannte Aufbeißen oder Zangengebiss ist hochaktuell. Auch mit diesen Fehlern behaftete Tiere sind weder für die Ausstellung noch für die Zucht zu gebrauchen. Da die Fehler des Gebisses hochgradig vererblich sind, sollte nach Möglichkeit der gesamte damit behaftete Stamm nicht zur Weiterzucht verwendet werden.

Probleme bei den Augen bereiten insbesondere die tief liegenden und die tränenden Augen. Häufig tritt beides kombiniert auf. Beim normalen, gesunden Kaninchen werden ständig Tränen produziert, die über den Tränenkanal in die Mundhöhle gelangen. Können die Tränen nun – sei es, weil ein Knick oder eine Verengung des Tränengangs vorliegt, sei es, weil dieser aus anderen Gründen verstopft ist – nicht mehr in die Mundhöhle abfließen, so laufen sie nach außen ab. Dort verursachen sie nach kurzer Zeit ein Verkleben des betroffenen Fells, Haarausfall, Kahlstellen und zum Teil sogar entzündliche Hautveränderungen.
Zwar kann es auch einmal durch Zugluft oder eine Erkältung bei Kaninchen zu Tränenfluss kommen, dieser dauert jedoch nur einige Tage. In allen anderen Fällen ist zumindest die Anlage erblich, was bei der Zuchtwahl genügend Beachtung finden sollte.

Fehler

Leichte Fehler (L. F.): Schwache Kopfbildung, spitze Schnauze, schmale Stirn; tief liegende Augen; breite oder flatterige, faltige, schlecht abgerundete oder leicht gekippte Ohren; etwas kurze oder lange, nicht der Körpergröße entsprechende Ohren; leichte Verengung im Bereich des Ohrmuschelansatzes; kleine Biss- oder Risswunden an Kopf und Ohren.
Schwere Fehler (S. F.): Ausgeprägter Rammlerkopf bei der Häsin, Häsinnenkopf beim Rammler; anatomische Augenfehler jeglicher Art; starke Kipp- oder Hängeohren, außer bei den Widdern; den Gehörgang verschließende Verengung im Bereich des Ohrmuschelansatzes; starke Verwachsungen im Ohrmuschelbereich; Biss- oder Risswunden an Kopf oder Ohren bei großen und Mittelrassen von mehr als 15 mm, bei den kleinen Rassen von mehr als 10 mm und bei den Zwergrassen von mehr als 5 mm Länge (Verletzungen, die während der Ausstellung verursacht wurden, bleiben unberücksichtigt).
Für die Ermittlung der korrekten Ohrenmaße wurde 2011 von der Standard-Fachkommission folgende Hilfstabelle für die Bewertung der Ohren- und Behanglänge (ggf. Breite) herausgegeben.
Bei den stehohrigen Kaninchen wird die Ohrmuschel vom Schädel bis zur Spitze gemessen. Bei Widderkaninchen spricht man von Behang, damit sind beide Ohren gemeint. Gemessen wird waagerecht über den Kopf von einer Ohrenspitze zur anderen.

Rasse	Standardideal (cm)	Leichter Fehler (hier nur die Länge betreffend)	Schwerer Fehler
DR grau/andersfarbig	19–20	Etwas kurz, nicht der Körpergröße entsprechend	‹ 17
DR weiß	18–19	Etwas kurz, nicht der Körpergröße entsprechend	‹ 16
DRSch	17–18	Etwas kurz, nicht der Körpergröße entsprechend	‹ 15
DW	38–45	Etwas kurz oder lang, nicht zur Körpermasse passend	‹ 38 › 45
MW	36–42	Etwas kurz oder lang, nicht zur Körpermasse passend	‹ 36 › 42
EW *Maßtabellen für Behanglänge und Behangbreite	59–60 13,5–14,0	54-58 entsprechend der Maßtabelle 11-13 entsprechend der Maßtabelle	‹ 54 › 60 ‹ 11 › 14
WW	10,5–11,5	Etwas kurz oder lang, nicht Körpergröße und Typ entsprechend	‹ 9 › 13,5
WN	10–11	Etwas kurz oder lang, nicht Körpergröße und Typ entsprechend	‹ 8,5 › 13
DKlW	30–36	Etwas kurz oder lang, nicht zur Körpermasse passend	‹ 30 › 36
ZwW	22–28	Etwas kurz oder lang, nicht zur Körpermasse passend	‹ 22 › 28
ZwSch	ca. 6,5	Etwas kurz = ‹ 6,0 Etwas lang = › 7,0	‹ 5,5 › 8
He	ca. 5,5	Etwas lang = › 6,0 je nach Abweichung und Gesamterscheinung	‹ 4,5 › 7
Fbzw	ca. 5,5	Etwas lang = › 6,0 je nach Abweichung und Gesamterscheinung	‹ 4,5 › 7
ZwSa *im Anerkennungsprozess	ca. 5,5	Etwas lang = › 6,0 je nach Abweichung und Gesamterscheinung	‹ 4,5 › 7
WRex	11–12	Etwas kurz oder lang, nicht gänzlich Körpergröße und Typ entsprechend	‹ 9 › 14
ZwRex	ca. 6	Etwas lang = › 6,5 je nach Abweichung und Gesamterscheinung	‹ 5 › 7,5
ZwFu	ca. 5.5	Etwas lang = › 6,0 je nach Abweichung und Gesamterscheinung	‹ 4,5 › 7

Das Fellhaar

Auch zum Fellhaar gibt es einige grundsätzliche Bemerkungen. Das Fellhaar hat eine wichtige Aufgabe für das Tier zu erfüllen: Es schützt dieses vor hohen und niedrigen Temperaturen. Es muss, um diesen Isolationsaufgaben nachkommen zu können, bestimmte Bedingungen erfüllen.

Bei den Wildkaninchen in der Natur sind Tiere, die nicht über eine entsprechende Fellstruktur verfügen, langfristig nicht lebensfähig, wohl aber im Züchterstall. Wichtige Merkmale sind hier insbesondere die Dichte der Unterwolle und die Flexibilität der Begrannung. Zwar wird noch in der Literatur gefordert, dass die Felle immer dichter gezüchtet werden sollen. Man bedenkt dabei jedoch nicht, dass mit zunehmender Felldichte natürlich auch die Haarungszeiten zunehmen, in denen das Tier bekanntermaßen ja auch anfällig und nicht unbedingt mit bestem Ergebnis auszustellen ist. Ich bin hier zur Überzeugung gekommen, dass es wichtiger ist, einen gesunden Kompromiss zwischen Felldichte und Länge der Haarungszeit zu finden.

Ein weiterer wichtiger Aspekt des Fells ist, dass zwischen Fellstruktur und Fellfarbe oft ein enger Zusammenhang besteht. Ist zum Beispiel ein Silberkaninchen lang und grob begrannt, so zeigt es eine grobe, flockige Silberung. Ein Chinchilla hingegen, mit einer feinen, gleichmäßigen Begrannung, wird die geforderte Schattierung nicht ausprägen können.

Auch der Glanz des Fells wird durch seine Struktur bewirkt. Nur Grannenspitzen glänzen, Unterwollhaare sind hingegen deutlich matter. Tiere mit einer sehr starken Begrannung und mit etwas weniger Unterwolle bringen den besten Glanz. Vergleicht man das Schwarzlohfell, das man typischerweise findet, mit dem Fell des Perlfeh, so fällt auf, dass Ersteres extrem glänzt, jedoch deutlich weniger dicht ist als Letzteres. Die zarte Pastellfarbe des Perlfeh kommt auf dem extrem dichten, vergleichsweise aber matten Fell besser zur Geltung – ein Umstand, der letztendlich sogar dazu geführt haben dürfte, dass die perlfehfarbigen Satin keine Freunde fanden und wieder aus dem Standard gestrichen wurden.

Bei den Rexkaninchen wird das Problem fehlender Spürhaare immer aktueller und verdient mehr Beachtung. Auch die Kahlstellen unter den Läufen, die bei den Rexen ganz besonders häufig auftreten, verdienen es, züchterisch in Angriff genommen zu werden, denn da dieser Fehler in bestimmten Stämmen gehäuft, in anderen überhaupt nicht auftritt, ist davon auszugehen, dass er in hohem Maße erblich ist.

Nachdem die Standardkommission die Bedeutung des Fells dadurch gestärkt hat, dass bei Gesamt-Punktegleichheit und Punktegleichheit in der Körperform jetzt das Tier mit der besseren Fellhaarqualität und nicht mehr das mit der höheren Bewertung der Rassemerkmale bevorzugt wird, hat sie den Weg dazu geebnet, dass in den kommenden Jahren sicherlich die Fellhaarqualität unserer Rassekaninchen deutlich besser werden wird.

Gesundheit und Pflege

Eigentlich sollte selbstverständlich sein, dass nur gesunde Kaninchen in einwandfreiem Pflegezustand auf die Ausstellung gehören. Leider ist das jedoch in der Praxis nicht immer der Fall. Streng genommen kann bereits ein Tier mit tränenden Augen nicht als völlig gesund bezeichnet werden.

Die Nase sollte in jedem Falle trocken sein, die Schleimhäute der Geschlechtsorgane sollten rosa, feucht und ohne Anzeichen von Entzündung sein. Die Augen sind beim gesunden Kaninchen ausdrucksvoll und lebhaft glänzend. Das Fell ist glänzend und glatt sowie frei von Ektoparasiten.

Das Tier muss sauber sein und die Krallen sollten an den Spitzen gekürzt sein. Auch die Sohlen sollten ohne Urinbeize und Stallschmutz sein. Das ist jedoch regelmäßig nur der Fall, wenn die Tiere immer – und nicht erst ein paar Tage vor der Ausstellung – sauber gehalten werden.

Vor übertriebenem Reinigen der sogenannten Geschlechtsecken muss gewarnt werden. Wird dieses gewaltsam vorgenommen oder werden die Schleimhäute anschließend nicht eingefettet, kann es zu schlimmen Entzündungen kommen. Schließlich hat das Fett, das wir dort entfernen, eine Schutzfunktion für die empfindlichen Häute.

Tierschutzgerechte Zucht

Die intensive Diskussion um den Tierschutz unter dem Gesichtspunkt sogenannter „Qualzüchtungen“ ereilte auch die Rassekaninchenzucht. Unter dem Druck der Diskussion entstand besonders in drei Bereichen der Rassekaninchenzucht Handlungsbedarf: Um einer allzu großen Verzwergung von Kaninchen entgegenzuwirken, wurde bei den Zwergkaninchen (Hermelin, Farbenzwerge und Rexzwerge) das Mindestgewicht auf 1 kg erhöht, darüber hinaus wurden hier Mindestohrlängen festgelegt.

Außerdem wurde mit einer Empfehlung der Standardkommission zur Zucht von Punktschecken ein züchterischer Weg eingeschlagen, bei dem keine der mehr oder weniger letalen Weißschecken (Chaplins) mehr fallen. Bei den Englischen Widdern wurden schrittweise bis 2006 die Behangmaße reduziert und damit einhergehend die Körperformen an die langen Behänge angepasst und auch verbessert.

Empfehlungen zur Zucht von Punktschecken

Bezugnehmend auf die am 16. Mai 2000 stattgefundene Besprechung beim zuständigen Ministerium in Bonn wegen der Umsetzung von § 11b Tierschutzgesetz „Leitlinien für die Vermeidung tierschutzrelevanter Züchtung bei Kaninchen“, spricht der ZDRK folgende Empfehlung aus:

„Zur Vermeidung des Auftretens homozygoter Weißschecken (sog. Chaplins) in der Zucht von Punktschecken sollen künftig heterozygote Typenschecken nur mit einfarbigen Tieren verpaart werden. Des Weiteren sind nicht ausstellungsfähig gefärbte oder fehlerhaft gezeichnete Tiere in das Zuchtbuch einzutragen und aufzuziehen. Die Verpflichtung zur statistischen Erhebung ist verbindlich. Sie ergibt sich – ebenso wie die hier ausgesprochene Empfehlung zur Zucht – aus dem im Oktober 1999 vorgelegten ‚Gutachten zur Auslegung von § 11b des Tierschutzgesetzes – Verbot von Qualzüchtungen' (Ziffer 2.1.3.1.1), das unter anderem neuere Forschungen zur Letalität und zur Vitalitätsminderung bei Weißschecken berücksichtigt."

Verpaarung von Typenschecken

Eine Verpaarung zweier Typenschecken ist aus Tierschutzgründen nicht mehr statthaft, weil daraus nach Mendel 25 % sogenannte Weißschecken fallen, die nicht lebensfähig sind und spätestens kurz vor Erreichen der Geschlechtsreife verenden. Nach dem Abschluss langjähriger intensiver Beratungen hat die Fachkommission mit dem Ziel der gesicherten Umsetzung der entsprechenden Zuchtrichtlinie vom 17.11.2001 Beschlüsse zur Erarbeitung von Bewertungsbestimmungen für homozygot einfarbige Punktschecken gefasst. Die entsprechenden Bewertungshinweise zur Einzeltierbewertung für die Rassen DRSch, RhSch, KlSch, ESch und ZwSch wurden beraten und verabschiedet. Hinsichtlich der Tiermeldung und Einordnung bei Ausstellungen werden sie wie ein eigener Farbenschlag behandelt (Inkrafttreten 1.10.2015.) Weitere Hinweise zur Bewertung der Homozygoten anderer Rassen (wie zum Beispiel Marderrassen) sind noch im Beratungsprozess und sollen ebenfalls in den kommenden Standard eingearbeitet werden.

Beschluss zur Zucht der Englischen Widder

Bezugnehmend auf die am 16. Mai 2000 stattgefundene Besprechung beim zuständigen Ministerium in Bonn wegen der Umsetzung von § 11b des Tierschutzgesetzes „Leitlinien für die Vermeidung tierschutzrelevanter Züchtung bei Kaninchen" fasste die ZDRK-Standardkommission folgenden Beschluss:

„Bis zum Ende des Jahres 2005 muss die Ohrenlänge (Behanglänge) bei den Englischen Widdern durch entsprechende züchterische Maßnahmen so umgezüchtet werden, dass eine maximale Länge von 60 cm nicht überschritten wird. Für die Behangbreite gilt Entsprechendes.

Des Weiteren sind züchterische Maßnahmen zur Verbesserung der Körperform, des Baus und der Stellung in die Wege zu leiten, die einen freien Stand und ausreichende Bodenfreiheit gewährleisten."

Entsprechend wurden die Maßtabellen für die Positionen 4 und 5 – Behanglänge und Behangbreite – sowie entsprechende Standardvorschriften für die Position 2 geändert.

Tötung von Kaninchen

Das Tierzuchtgesetz sieht vor, dass für die Tötung von Wirbeltieren ein wichtiger Grund vorliegen muss. Das früher teilweise praktizierte „Reduzieren von Würfen" ist hiernach verboten, weil beispielsweise der Umstand, dass eine junge Schecke nicht die rassetypische Zeichnung bekommt und daher kein Ausstellungstier wird, kein wichtiger Grund im Rahmen dieser gesetzlichen Vorschrift ist, wohl aber eine starke Missbildung eines neugeborenen Jungkaninchens seine Tötung rechtfertigt.

Neuzüchtungen

2001 wurden für die Anerkennung einer Neuzüchtung/Nachzüchtung als Rasse oder Farbenschlag im Bewertungsstandard die Voraussetzungen vereinheitlicht, laut ZDRK-Lehrschrift 59/Juni:
Die Neuzüchtungstiere müssen mehrmals auf Bundesschauen oder Bundes-Rammlerschauen ausgestellt werden. Um dem Anspruch zu genügen, müssen bei diesen Schauen mindestens 20 Tiere (von vier bis fünf Züchterinnen oder Züchtern) ausgestellt werden. Es muss also ein erkennbares Interesse von mehreren Züchtern vorhanden sein. Eine Neuzüchtung kann sich auch schneller entwickeln, wenn sie von mehreren Züchtern bearbeitet wird.
Bei den Bewertungen von Schau zu Schau muss eine Steigerung der Wertnoten im Schnitt erkennbar sein, das heißt, die Neuzüchtung muss sich positiv entwickeln.

Für die Genehmigung einer Neuzüchtung gelten folgende Regularien:
Grundsätzlich erteilt der zuständige Landesverband auf Antrag eines Züchters die Genehmigung für eine Neuzüchtung, sofern die ZDRK-Standardkommission die Freigabe erteilt hat. Die Neuzüchtungen, für die eine Genehmigung erteilt werden kann, sind allen Landesverbänden bekannt.
Neu beantragte Neuzüchtungen, die den Landesverbänden noch nicht bekannt sind, werden grundsätzlich von der ZDRK-Standardkommission bearbeitet und die Zulassung sehr sorgfältig nach verschiedenen Kriterien positiv entschieden oder aber auch abgelehnt. Danach erfolgt gegebenenfalls die Freigabe an die einzelnen Landesverbände.
Nach dem gültigen Bewertungsstandard gibt es über 350 mögliche Rassen und Farbenschläge. Die ZDRK-Standardkommission verweigert sich nicht, interessante und sinnvolle Neuzüchtungen zuzulassen. Sie trägt aber auch eine große Verantwortung und hat deshalb stets verschiedene Fakten zu prüfen, nicht zuletzt auch tierschutzrechtliche Aspekte. Der Grundsatz für die Züchter und für die Verantwortlichen muss lauten: Nicht alles, was machbar ist, ist auch sinnvoll.

Abteilung I – Große Rassen

Deutsche Riesen (DR)

Zuchtziel

Es ist die größte und schwerste aller Kaninchenrassen und überragt die übrigen an Länge und Gewicht. Das Normalgewicht beträgt heute etwa 7 kg, die ideale Länge liegt bei 72 cm. Das Zuchtziel sollte auf möglichst große und schwere Tiere ausgerichtet sein. Ausgewachsene, überjährige Tiere sollten doch ein Gewicht von gut 8 kg auf die Waage bringen.
Oft wird der Rasse unterstellt, sie sei sehr wirtschaftlich. Stellt man jedoch die Relation von Futteraufnahme und Zunahme, von Lebendgewicht und Schlachtkörpergewicht, von Fleisch zu Knochen her, so stellt man sehr schnell fest, dass dem nicht so ist. Im Gegenteil, aufgrund ihrer Größe stellen die Deutschen Riesen hohe Ansprüche an Stallraum und Futtermenge, sodass mancher gar abgeschreckt wird. Züchterisch wünschenswert wäre eine stärkere Reinzucht der einzelnen grauen Farbenschläge.

Geschichtliches

Die Heimat der Rasse ist Belgien, und zwar stammt sie aus der Stadt Gent in Flandern. Deshalb nannte man die Tiere einige Jahrzehnte lang „Flandrische Riesen". Später änderte man den Namen um in „Belgischer Riese".
Die ersten dieser Tiere gelangten um 1890 nach Deutschland. Jahrelang züchtete man auf Größe und Gewicht und dies hieß meist Länge, bis man 1937 – es war die Zeit der propagierten Wirtschaftsrassen – das Gewicht auf 5 bis 6 kg reduzierte und eine erneute Namensänderung in „Deutscher Riese" vollzog. Nach den erheblichen Irrungen und Wirrungen hat sich die Rasse nunmehr konsolidiert. Heute hat die Rasse einen festen Stamm an Züchtern, welche sie engagiert auf qualitativ hohem Niveau halten.

Körperform, Typ, Bau, Stellung, Fellhaar

Gewicht: Normalgewicht über 7,00 kg, Mindestgewicht 5,50 kg, Höchstgewicht 11,5 kg.
Größe: Die Körperlänge des niedergehaltenen Tieres beträgt 72 cm, von der Nasenspitze bis zur Schwanzwurzel (bei hoch gelegter Blume) gemessen.
L. F.: Abweichungen in der Größe zum Voll- bis zum Mindestgewicht sowie von der Normal- bis zur Mindestlänge von 66 cm.
S. F.: Weniger als das verlangte Mindestgewicht oder eine Körperlänge unter 66 cm.
Form, Stellung: Der Körper des Deutschen Riesen ist groß und gestreckt, breit, tief und besitzt einen seiner Größe entsprechenden starken Knochenbau. Trotz dieser

Größe wird Eleganz gefordert. Er ist auf starken Läufen ziemlich hoch gestellt, das heißt, der Abstand der Bauchpartie vom Boden soll genügend groß sein, doch wird die Stellung des Hasenkaninchens abgelehnt.
L. F.: Kinnknoten beim Rammler, leicht schiefe Wamme bei der Häsin, tiefe Stellung.
S. F.: Starker Kinnknoten.
Kopf: Groß, markant, mit breiter Stirn, starken Backen und gut entwickeltem Ober- und Unterkiefer. Die Nasenpartie ist stark ausgeprägt.
L. F.: Schwach entwickelter Kopf, spitze Schnauze.
Ohren: Kräftig aufgesetzt, straff aufgerichtet, fleischig, voll behaart, nach der Spitze zu abgerundet; ihre Länge soll ein Viertel der Körperlänge betragen.
L. F.: Schwache, dünne Ohren.
S. F.: Ohrenlänge unter 15 cm.
Rumpf: Seine Breite beträgt etwa ein Viertel der Körperlänge. Verlangt wird die sogenannte Walzenform, das heißt, er sei von der Brust bis zur breiten, gut gerundeten, nicht abschüssigen Hinterpartie durchgehend gleich breit und stark bemuskelt.
L. F.: Kinnknoten beim Rammler.
S. F.: Starker Kinnknoten.

1,0 Deutsche Riesen, wildfarben

Blume: Der Körperlänge entsprechend lang; sie wird gut am Körper anliegend getragen.
Rücken: Gerade Rückenlinie mit gut gerundeter Hinterpartie.
L. F.: Knick hinter den Schultern, hoch stehende Beckenknochen.
Brust: Voll, gerundet.
Läufe: Stark, breit gestellt, Vorderläufe verhältnismäßig lang, gerade. Hinterläufe sollen sich parallel zum Körper bewegen.
Fellhaar: Dicht und gut begrannt bei einer Haarlänge von etwa 4 cm.
L. F.: Lockere Fellhaut bei älteren Tieren.

Häsin: Sie ist wie bei allen Rassen feiner gebaut als der Rammler, namentlich der Kopf ist schnittiger (und erscheint deshalb länger, die Kaumuskulatur ist weniger ausgeprägt). Längen- und Gewichtsforderungen gelten auch für sie unverändert. Eine Wamme sollte möglichst nicht vorhanden sein.
L. F: Etwas große Wamme.

Farbe

Anerkannt sind die grauen Farbenschläge **Eisengrau, Dunkelgrau, Wildgrau, Hasengrau** und **Hasenfarbig**; für die farblichen Anforderungen an Deckfarbe und Schattierung sind die Allgemeinen Bestimmungen maßgebend.
Neben den grauen Deutschen Riesen sind auch andere Farbenschläge anerkannt. Sie werden weiter unten beschrieben.

Deutsche Riesen, grau (DR grau)

Eisengrau

Das Erscheinungsbild der eisengrauen Tiere wird hervorgerufen durch das Aufeinandertreffen der Erbanlagen B^e und B; es handelt sich also um spalterbige Phänotypen. Kaninchen mit der reinerbigen Anlage $B^e B^e$ erscheinen fast gänzlich schwarz.

Deckfarbe und **Schattierung:** Die Deckfarbe ist am gesamten Körper gleichmäßig schwarzgrau und mit hellgrauen Grannen schattiert. Der Genickkeil ist nur schwach angedeutet. Die Einfassung der Nase und der Augen ist nur wenig angedeutet; die Kinnbackeneinfassung ist dunkelgrau bis schwärzlich. Die Ohren zeigen ein vermehrtes Schwarz; der Ohrenrand ist breit und schwarz; die Ohrenspitzen sind schwarz. Die Blumenoberseite ist nicht gesprenkelt. Die Deckfarbe am Bauch, an der Unterseite der Blume und an den Innenseiten der Läufe ist dunkelgrau, insgesamt aber etwas matter und ohne Schattierung. Die Augenfarbe ist dunkelbraun. Die Krallenfarbe ist dunkelhornfarbig bis schwarz.
Zwischenfarbe: Die Zwischenfarbe ist nur leicht bräunlich angedeutet; sie ist allerhöchstens schwach erkennbar. Eine kaum oder nicht mehr als solche zu erkennende Zwischenfarbe ist weder ein leichter noch ein schwerer Fehler.

Unterfarbe: Die Unterfarbe ist infolge der zurücktretenden Zwischenfarbe am gesamten Körper bis zum Haarboden tief nachtblau. Die Unterfarbe an der Blumenunterseite bleibt unberücksichtigt.
L. F.: Etwas helle oder fleckig erscheinende Deckfarbe einschließlich Bauch und Blumenunterseite; unrein vermischte Farben; leichte Durchsetzung mit weißen Haaren; Aufhellung der Vorderläufe; einzelne andersfarbige Haare auf der Blumenoberseite; schwach ausgeprägter Ohrenrand; durch Ein- oder Ausläufer unsauber abgegrenzter Ohrenrand; leichte Durchsetzung des Ohrenrands mit andersfarbigen Haaren; etwas aufgehellte Augen- oder Krallenfarbe; etwas aufgehellte oder durchsetzte Unterfarbe; Bauchunterfarbe nur im Brust- und Schoßbereich; schwache oder fehlende Unterfarbe im Bereich des Afters und an den Innenseiten der Hinterläufe.
S. F.: Stark weiß durchsetzte Deckfarbe oder sichtbar weißer Büschel oder Fleck in der Deckfarbe einschließlich Bauch und Blumenunterseite; starke Aufhellung der Vorderläufe; gesprenkelte Blumenoberseite, das heißt starke Durchsetzung der Blumenoberseite mit andersfarbigen Haaren; stark weiß durchsetzter Ohrenrand oder sichtbar weißer Büschel oder Fleck im Ohrenrand; gänzlich schwarzer Kopf; andere als braune Augenfarbe; zweierlei oder pigmentlose Krallen; stark weiß durchsetzte Unterfarbe; völliges Fehlen der Bauchunterfarbe.

Dunkelgrau

Deckfarbe und **Schattierung:** Die Deckfarbe ist am gesamten Körper gleichmäßig dunkelgrau und mit hellgrauen Grannen schattiert. Der kleine Genickkeil ist bräunlich schwarz und tritt kaum in Erscheinung. Die Einfassung der Nase und der Augen ist dunkelgrau, nur wenig heller; die Kinnbackeneinfassung ist dunkelgrau. Der Ohrenrand ist intensiv schwarz gefärbt; er ist etwas breiter als beim wildgrauen Farbenschlag und sauber abgegrenzt. Die Ohrenspitzen sind schwarz. Die Blumenoberseite ist leicht graubraun gesprenkelt. Eine schwarze Blumenoberseite ist weder ein leichter noch ein schwerer Fehler. Die Bauchdeckfarbe, die Blumenunterseite und die Innenseiten der Läufe sind dunkelgrau, jedoch etwas matter und ohne Schattierung. Die Augenfarbe ist braun. Die Krallen sind dunkelhornfarbig.
Zwischenfarbe: Die Zwischenfarbe ist bräunlich – schwach angedeutet – und nur etwa 3 bis 4 mm breit.
Unterfarbe: Die Unterfarbe ist am gesamten Körper bläulich bis tiefblau und reicht bis zum Haarboden. Die Unterfarbe an der Blumenunterseite bleibt unberücksichtigt.
L. F.: Helle Flanken oder Schenkel; unrein vermischte Farben; leichte Durchsetzung der Deckfarbe mit weißen Haaren; etwas helle Deckfarbe am Bauch und an der Blumenunterseite; helle Bindenansätze; schwach ausgeprägter Ohrenrand; durch Ein- oder Ausläufer unsauber abgegrenzter Ohrenrand; leichte Durchsetzung des Ohrenrands mit andersfarbigen Haaren; etwas aufgehellte Augen- oder Krallenfarbe; breite, verschwommene oder blasse Zwischenfarbe; blasse oder durchsetzte

Unterfarbe; am Haarboden aufgehellte Unterfarbe; Bauchunterfarbe nur im Brust- und Schoßbereich; schwache oder fehlende Unterfarbe im Bereich des Afters und an den Innenseiten der Hinterläufe.
S. F.: Stark weiß durchsetzte Deckfarbe oder sichtbar weißer Büschel oder Fleck in der Deckfarbe; stark aufgehellte Deckfarbe am Bauch und an der Blumenunterseite; weiße Binden an den Vorderläufe; stark weiß durchsetzter Ohrenrand oder sichtbar weißer Büschel oder Fleck im Ohrenrand; gänzlich schwarzer Kopf; fehlender Nackenkeil; andere als braune Augenfarbe; zweierlei oder pigmentlose Krallen; gänzlich fehlende Zwischenfarbe; stark weiß durchsetzte Unterfarbe; völliges Fehlen der Bauchunterfarbe.

Die Farben Wildgrau und Hasengrau sowie alle Möglichkeiten dazwischen werden unter dem Begriff **Wildfarben** zusammengefasst.

Wildgrau

Deckfarbe und **Schattierung:** Die Deckfarbe ist intensiv graubraun und mit einer kräftigen, schwarzen, bündelartigen Schattierung versehen. Deckfarbe und Schattierung sollen sich gleichmäßig über den ganzen Rücken erstrecken und an den Seiten möglichst weit nach unten reichen. Die Farbe der Brust, der Läufe und der Seiten – etwa ab Mitte der Rumpfhöhe – erscheint etwas heller, da sie etwas weniger intensiv schattiert ist. Der Genickkeil ist bräunlich und relativ klein. Die Nase und die Augen sind heller eingefasst. Die Kinnbacken sind schmal mit weißer Farbe eingefasst, die nach dem Genick hin in die graue Farbtönung verläuft. Der Ohrenrand ist schwarz gefärbt und sauber abgegrenzt. Die Blumenoberseite ist dunkel und mit grauen Stichhaaren intensiv gesprenkelt. Die Deckfarbe am Bauch, an der Unterseite der Blume und an den Innenseiten der Vorder- und Hinterläufe ist weiß. Die Augenfarbe ist braun. Die Krallenfarbe ist dunkel (dunkelhornfarbig bis schwarz).
Zwischenfarbe: Die Zwischenfarbe ist nur auf dem Rücken, an der Brust und an den Körperseiten vorhanden. Sie ist bräunlich bis braunrot, möglichst scharf abgegrenzt und etwa 4 bis 6 mm breit.
Unterfarbe: Die Unterfarbe ist bläulich bis stahlblau; sie erstreckt sich über den gesamten Körper und reicht bis zum Haarboden. Die Unterfarbe an der Blumenunterseite bleibt unberücksichtigt.
L. F.: Deutlich aufgehellte Brust und Seiten; unrein vermischte Farben; schwache Schattierung; leichte Durchsetzung der Deckfarbe mit weißen Haaren; etwas andersfarbige, cremefarbig angedeutete Bauchdeckfarbe, Blumenunterseite oder Innenseite der Läufe; helle Bindenansätze; schwach gesprenkelte Blumenoberseite; schmaler Ohrenrand; durch Ein- oder Ausläufer unsauber abgegrenzter Ohrenrand; leichte Durchsetzung des Ohrenrands mit andersfarbigen Haaren; etwas aufgehellte Augen- oder Krallenfarbe; etwas schmale, breite, verschwommene oder blasse Zwischenfarbe; blasse oder durchsetzte Unterfarbe; am Haarboden aufgehellte

Unterfarbe; Bauchunterfarbe nur im Brust- und Schoßbereich; schwache oder fehlende Unterfarbe im Bereich des Afters und an den Innenseiten der Hinterläufe.
S. F.: Stark mit weißen Haaren durchsetzte Deckfarbe; sichtbar weißer Fleck oder Büschel in der Deckfarbe; stark andersfarbige, lohfarbige oder braune Bauchdeckfarbe, Blumenunterseite oder Innenseite der Läufe; gänzlich weiße Binden an den Vorderläufen; stark weiß durchsetzter Ohrenrand oder sichtbar weißer Büschel oder Fleck im Ohrenrand; völlig schwarze Blumenoberseite; gänzlich fehlender Genickkeil; andere als braune Augenfarbe; zweierlei oder pigmentlose Krallen; gänzlich fehlende Zwischenfarbe; stark weiß durchsetzte Unterfarbe; völliges Fehlen der Bauchunterfarbe.

Hasengrau

Deckfarbe und **Schattierung:** Die Deckfarbe ist ein helleres Graubraun mit etwas schwächerer Schattierung, welche die Decke gleichmäßiger erscheinen lässt; sie soll an den Seiten möglichst weit nach unten reichen. Brust und Läufe haben kaum Schattierung. Die Wildfarbigkeitsabzeichen sind deutlich ausgeprägt: Der Genickkeil ist bräunlich und etwas größer als bei Wildgrau. Die Einfassung der Nase und der Augen ist weiß bis cremefarbig; die Kinnbackeneinfassung ist ebenfalls weiß bis cremefarbig und geht in die graubraune Farbtönung über. Der Ohrenrand ist schwarz, etwas schmaler als bei Wildgrau, aber sauber abgegrenzt. Die Blumenoberseite ist ebenfalls etwas heller und intensiv gesprenkelt. Die Deckfarbe am Bauch ist weiß bis cremefarbig; auf beiden Seiten zeigt sich je ein gelb- bis rostbrauner Schoßfleck. Die Deckfarbe an der Unterseite der Blume und an den Innenseiten der Vorder- und Hinterläufe ist ebenfalls weiß bis cremefarbig. Die Augenfarbe ist braun. Die Krallenfarbe ist dunkel (dunkelhornfarbig bis schwarz).
Zwischenfarbe: Die Zwischenfarbe ist nur auf dem Rücken, an der Brust und an den Körperseiten vorhanden. Sie ist intensiv rostbraunrot, möglichst scharf abgegrenzt und etwa 5 bis 7 mm breit.
Unterfarbe: Die Unterfarbe ist bläulich und erstreckt sich über den gesamten Körper; sie reicht bis zum Haarboden; bei älteren Häsinnen kann die vordere Hälfte des Bauches etwas blasser sein. Die Unterfarbe an der Blumenunterseite bleibt unberücksichtigt.
L. F.: Leicht aufgehellte Flanken oder Schenkel; unrein vermischte Farben; ungleichmäßige Schattierung der Decke; leichte Durchsetzung der Deckfarbe mit weißen Haaren; etwas andersfarbige, leicht lohfarbig angedeutete Bauchdeckfarbe, Blumenunterseite oder Innenseite der Läufe; helle Bindenansätze; schwach gesprenkelte Blumenoberseite; heller, schwacher Ohrenrand; durch Ein- oder Ausläufer unsauber abgegrenzter Ohrenrand; leichte Durchsetzung des Ohrenrands mit andersfarbigen Haaren; etwas aufgehellte Augen- oder Krallenfarbe; etwas schmalere oder breitere, etwas verschwommene oder blasse Zwischenfarbe; blasse oder durchsetzte Unterfarbe; am Haarboden aufgehellte Unterfarbe; Bauchunterfarbe

nur im Brust- und Schoßbereich; schwache oder fehlende Unterfarbe im Bereich des Afters und an den Innenseiten der Hinterläufe.
S. F.: Stark mit weißen Haaren durchsetzte Deckfarbe; sichtbar weißer Fleck oder Büschel in der Deckfarbe; stark andersfarbige, gänzlich lohfarbig braune Bauchdeckfarbe, Blumenunterseite oder Innenseite der Läufe; gänzlich weiße Binden an den Vorderläufen; stark weiß durchsetzter Ohrenrand oder sichtbar weißer Büschel oder Fleck im Ohrenrand; völlig schwarze Blumenoberseite; fehlender Genickkeil; andere als braune Augenfarbe, zweierlei oder pigmentlose Krallen; gänzlich fehlende Zwischenfarbe; stark weiß durchsetzte Unterfarbe; völliges Fehlen der Bauchunterfarbe.

Hasenfarbig

Deckfarbe und **Schattierung:** Die Deckfarbe ist kräftig rotbraun leuchtend und mit einer flockigen Schattierung versehen, die durch bündelartig zusammenstehende schwarze Grannenhaare gebildet wird. Sie tritt besonders auf dem Rücken stark in Erscheinung, bedeckt die Schenkel und Hinterläufe und reicht ohne sonderliche Aufhellung über die Flanken bis zum Beginn der Bauchdeckfarbe herab. Die Farbe von Brust und Vorderläufen soll mit der Deckfarbe übereinstimmen; sie ist jedoch nicht flockig schattiert. Der Nackenkeil ist intensiv lohfarbig. Die Einfassung der Nase und der Augen ist intensiv creme- bis lohfarbig, die der Kinnbacken intensiv lohfarbig. Die kräftig ausgeprägten Ohrenränder sind schwarz gefärbt und sauber abgegrenzt. Die Oberseite der Blume ist schwarz mit intensiver, bräunlicher Sprenkelung. Die Deckfarbe am Bauch und an den Innenseiten der Vorder- und Hinterläufe ist lohfarbig; die Unterseite der Blume ist cremefarbig abgetönt. Die Augen sind dunkelbraun, die Krallen sind dunkelhornfarbig.
Zwischenfarbe: Die Zwischenfarbe ist nur auf dem Rücken und an den Körperseiten ausgeprägt vorhanden. Sie ist leuchtend rost- bis braunrot, sauber von der Unterfarbe abgegrenzt und etwa 6 bis 9 mm breit.
Unterfarbe: Die Unterfarbe ist blau und mit etwa einem Drittel der Haarlänge nicht zu breit. Die Bauchunterfarbe braucht nur in Brust- und Schoßpartie vorhanden zu sein. Die Unterfarbe an der Blumenunterseite, im Bereich des Afters und an den Innenseiten der Hinterläufe bleibt unberücksichtigt.
L. F.: Stark unreine, verwaschene Unterfarbe; gänzlich fehlende blaue Unterfarbe im Brust- oder Schoßbereich; etwas helle, nach graubraun oder etwas dunkle, nach schwarz tendierende Deckfarbe; etwas helle Seiten oder Schenkel; helle Hinterläufe; wenig Schattierung in der Deckfarbe; matte oder helle, cremefarbige Bauchdeckfarbe; helle Bindenansätze; leichte Durchsetzung der Deckfarbe mit weißen Haaren; schwach gesprenkelte Blumenoberseite; helle Kinnbackeneinfassung; schwach geränderte Ohren; durch Ein- oder Ausläufer unsauber abgegrenzter Ohrenrand; leichte Durchsetzung des Ohrenrands mit andersfarbigen Haaren; matte Deckfarbe am Bauch und an den Innenseiten der Läufe; weiße Unterseite

der Blume; etwas aufgehellte Krallenfarbe; etwas matte oder etwas schmale Zwischenfarbe; etwas helle oder durchsetzte Unterfarbe; schwache blaue Unterfarbe im Brust- oder Schoßbereich.
S. F.: Stark helle oder graue Seiten; gänzliches Fehlen der Schattierung; stark weiß durchsetzte Deckfarbe; sichtbar weißer Fleck oder Büschel in der Deckfarbe; stark aufgehellte, teilweise oder gänzlich weiße Bauchdeckfarbe; gänzlich weiße Binden an den Vorderläufen; fehlender Genickkeil; andere als die vorgeschriebene Bauchdeckfarbe; stark weiß durchsetzter Ohrenrand oder sichtbar weißer Büschel oder Fleck im Ohrenrand; völlig schwarze Blumenoberseite; andere als die dunkelbraune Augenfarbe, zweierlei oder pigmentlose Krallen; gänzlich fehlende Zwischenfarbe.

Hinweis
Diese Beschreibung der grauen Farben gilt analog auch bei folgenden Kaninchenrassen: Deutsche Widder, Englische Widder, Deutsche Kleinwidder, Holländer, Zwergwidder und Farbenzwerge; für Graue Wiener gilt sie mit Einschränkung.

Für den Zuchtgruppenwettbewerb auf Ausstellungen wurden folgende drei Farbgruppen festgelegt:
a) Eisengrau und Dunkelgrau
b) Wildfarben
c) Hasenfarbig

Bei der Anmeldung muss der exakte Farbenschlag angegeben werden. In Zuchtgruppen dürfen nur die Farben der entsprechenden Farbgruppe gemeinsam ausgestellt werden. Verteilung und Anzahl der einzelnen Farben der Farbgruppe innerhalb der Zuchtgruppe sind variabel.
Neben den grauen Riesen sind auch andersfarbige in **Schwarz, Blau, Blaugrau, Chinchillafarbig, Gelb** und **Weiß** anerkannt. Die Deckfarbe ist nach den Farbbestimmungen der jeweiligen Rasse zu bewerten.
Die Farbe der schwarzen, blauen, blaugrauen und chinchillafarbigen Deutschen Riesen entspricht den Bestimmungen der jeweiligen Rasse. Die Farbe der gelben und weißen Tiere wird im Folgenden kurz beschrieben.

Deutsche Riesen, gelb (DR gelb)

Deckfarbe: Die Deckfarbe ist sattgelb, mit gutem Glanz versehen und muss sich über den gesamten Körper im sichtbaren Bereich gleichmäßig erstrecken. Die Deckfarbe am Bauch, an der Unterseite der Blume und an den Innenseiten der Vorder- und Hinterläufe sowie im Bereich der Wildfarbigkeitsabzeichen ist weiß bis cremefarbig. Die Augenfarbe ist braun, die Krallenfarbe ist hornfarbig.
L. F.: Etwas stumpfe, glanzlose Deckfarbe; leichte Farbabweichungen; etwas dunkler Anflug am Ohrenrand; leichter Rostanflug.

0,1 Deutsche Riesen, gelb

S. F.: Weiße Flecken in der Deckfarbe oder an den Ohrenrändern; gänzlich schwarzer Ohrenrand; starker Rostanflug; zweierlei oder andere als die geforderte Augen- oder Krallenfarbe.

Unterfarbe: Die Unterfarbe ist etwas heller als die Deckfarbe. Sie soll rein sein und wird zum Haarboden hin heller bis weißlich. Die Bauchunterfarbe ist insgesamt heller und am Haarboden weiß.

L. F.: Leichter bräunlicher Anflug unter der Decke; etwas durchsetzte Unterfarbe; angedeutete Zwischenfarbe.

S. F.: Stark unreine oder gänzlich im Farbton abweichende Unterfarbe; ausgeprägte Zwischenfarbe.

Deutsche Riesen, weiß (DR weiß)

Farbe: Das Fellhaar ist am gesamten Körper reinweiß. Die Augen sind blassrot, die Krallen farblos.

L. F.: Leichte Farbabweichungen wie gelber oder grauer Anflug, gelber Kopf oder graue Halskrause.

S. F: Stark verschmutzte, unreine Farbe.

0,1 Deutsche Riesen, weiß

Allgemeines

Die Zucht von Riesenkaninchen erfordert genügend große Ställe. Die Buchten sollten daher wenigstens 120 x 80 x 60 cm groß sein und Luft und Morgensonne ausreichend Zutritt lassen. Für Häsinnen mit Jungen wird die Zwischenwand entfernt. Die Raufen sollten hoch angebracht werden, denn dies fördert die hohe Stellung. Außenstallungen sind Innenstallungen vorzuziehen.

Wegen der doch relativ langen Wachstumsphase bis zum Erreichen des Vollgewichts, aber auch zur Ausprägung von einem kräftigen Rammlerkopf, wird bei der Rasse noch die Winterzucht bevorzugt betrieben. Gute, frohwüchsige Tiere der Rasse sind jedoch auch in der Lage, mit sieben bis acht Monaten auf Ausstellungen passable Ergebnisse zu erreichen. Solche Tiere sollten natürlich auch bevorzugt in die Zucht gelangen.

Wegen der mittlerweile hohen Anforderungen an die Buchtengröße und wegen der großen Menge anfallenden Mistes ist die Haltung dieser großen und schönen Kaninchen heute vielerorts nicht mehr möglich und es erfordert schon ein großes Maß an Idealismus, sich züchterisch an die Deutschen Riesen heranzuwagen.

Deutsche Riesenschecken (DRSch)

Zuchtziel

Zuchtziel ist eine großrassige Schecke von der Größe des Deutschen Riesen mit einem bestimmten Zeichnungsbild. Zugeständnisse bezüglich des Gewichts werden dabei insofern gemacht, als das Mindestgewicht auf 5,0 kg und das Normalgewicht auf über 6,0 kg festgelegt wurde.

Geschichtliches

Große, gescheckte Kaninchen gab es nachweislich zuerst in Frankreich. Sie waren dort als „Papillons“ (Papillon = Schmetterling) bekannt. Doch auch in Belgien, den Niederlanden und Deutschland hat es von jeher Scheckenkaninchen gegeben; es sei nur an das blanknasige Deutsche Landkaninchen erinnert, das sich lange im Rheinland halten konnte. Die Rasse ging aus der Kreuzung von Schmetterlingskaninchen und Deutschen Riesen hervor. Namentlich deutsche Züchter waren es, die Gewicht und Größe verbesserten. 1908 wurde die Rasse anerkannt.
Heute finden wir auf allen Großschauen Tiere, die auch formlich beachtliche Qualität zeigen. Eine Unsitte jedoch ist zum Teil das übertriebene Schaufertigmachen der Tiere. Hier sollten die Züchter sich ein wenig zurücknehmen, um nicht dem Vorwurf des Betrugs und der Tierquälerei ausgesetzt zu sein.

Körperform, Typ, Bau, Stellung, Fellhaar

Gewicht: Mindestgewicht 5 kg, Normalgewicht 6 kg und mehr, Höchstgewicht 10 kg.
Größe: Die Körperlänge beträgt etwa 68 cm und darüber.
L. F.: Abweichungen in der Größe vom Voll- bis zum verlangten Mindestgewicht sowie von der Normal- bis zur Mindestlänge von 64 cm.
S. F: Zu leichte und zu kleine Tiere unter 64 cm.
Form, Stellung: Sinngemäß gelten die gleichen Forderungen wie an den DR. Der Knochenbau ist etwas feiner; die hohe Stellung muss deutlich in Erscheinung treten.
Kopf: Groß und breit mit vollen, starken Backen.
Ohren: Sie sollen mit etwa ein Viertel der Körperlänge der Größe des Tieres entsprechen und sehr kräftig, voll behaart sowie sehr gut aufgesetzt sein und straff aufgerichtet getragen werden.
S. F: Ohren unter 15 cm.
Rumpf: Groß, kräftig, stark bemuskelt, ein Drittel der Körperlänge breit und tief, von der Brust bis zur breiten, gut gerundeten Hinterpartie durchgehend gleichmäßig breit.
L. F.: Kinnknoten beim Rammler.

Rücken: Lang, gut gewölbt, gefüllt, Rückenlinie eben, Hinterpartie gut gerundet.
Brust: Breit und gut entwickelt.
Läufe: Stark, breit gestellt, hohe Stellung der geraden Vorderläufe, Hinterläufe parallel zum Körper.
Fellhaar: Mit etwa 4 cm mittellang, Unterwolle dicht, Begrannung gut und gleichmäßig. Je kürzer und feiner begrannt das Fellhaar der Tiere ist, desto besser kommen die Übergänge zwischen der weißen Grundfarbe und der Zeichnungsfarbe zur Geltung.

Häsin: Sie soll dem Geschlechtscharakter entsprechend feiner gebaut sein und einen schnittigeren Kopf besitzen. Zuchtziel ist Wammenfreiheit.
L. F.: Etwas große Wamme.

Farbe

Anerkannt sind die Farbenschläge **Schwarz-Weiß, Blau-Weiß** und **Havannafarbig-Weiß**.
Die Grundfarbe der Deck- und Unterfarbe ist weiß. Die Zeichnungsfarbe muss rein und darf nicht von andersfarbigen Haaren durchsetzt sein. Die Krallen sind bei allen Farbenschlägen farblos. Die Augen sind bei den schwarz-weißen und havannafarbig-weißen Tieren braun, bei den blau-weißen Tieren blaugrau. Die Krallen sind bei allen Farbenschlägen pigmentlos (weiß).

1,0 Deutsche Riesenschecken, schwarz-weiß

L. F.: Grundfarbe mit gelblichem Anflug; unreine oder mit weißen Haaren leicht durchsetzte Zeichnungsfarbe und Ohrenränder; eine einzelne, farbige Kralle.
S. F: Mit weißen Haaren durchsetzte, stark unreine Zeichnungsfarbe; mehr als eine farbige Kralle.

Kopfzeichnung

Die Kopfzeichnung besteht aus dem Schmetterling, den Augenringen, den Backenpunkten und der Ohrenzeichnung.
Der **Schmetterling** ist gut ausgeprägt, das heißt, er soll sich wie mit vollen Flügeln beidseitig bogenförmig bis über die Mundwinkel erstrecken und den Unterkiefer seitlich schmal einfassen. Auf der Mitte des Nasenrückens befindet sich – leicht gerundet – der Dorn.
L. F.: Gezackter Schmetterling; unschöner, etwas schiefer Dorn; fleischfarbener Lippenspalt; schwache seitliche Unterkiefereinfassung.
S. F.: Unvollständiger Schmetterling; fehlender Dorn; große Zacken in den Schmetterlingsflügeln, gänzlich fehlende seitliche Unterkiefereinfassung; am Unterkiefer geschlossener Schmetterling; weiße Nasenspitze, weißer Lippenspalt, weiße Flecken im Schmetterling.
Die **Augenringe** sind möglichst geschlossen und gleichmäßig breit. Kein Fehler ist die oben am Augenring vorhandene kleine Zacke. Die **Backenpunkte** stehen frei unter den Augenringen, sie sind rund oder oval geformt. Die **Ohrenzeichnung** ist an der Ohrenwurzel übergangslos abgegrenzt; ein kleiner Ausläufer der Ohrenzeichnung in der Stirnmitte bleibt unberücksichtigt.
L. F.: Ungleichmäßige, grobe Augenringe; unreiner Ohrenansatz, unreiner Kopf (Spritzer).
S. F.: Nicht geschlossener Augenring; Zusammenhängen von Augenringen mit dem Schmetterling oder der Ohrenzeichnung; weiße Flecken im Augenring; ein- oder beidseitig anhängender Backenpunkt; Fehlen eines oder beider Backenpunkte; ein- oder beidseitig doppelter Backenpunkt; größere Flecken in der Ohrenfarbe.

Rumpfzeichnung

Die Rumpfzeichnung wird gebildet vom Aalstrich und der Seitenzeichnung.
Der **Aalstrich** zieht sich wie ein Pinselstrich scharf begrenzt und etwa 3 cm gleichmäßig breit vom Genick bis zur Blumenspitze über den Rückenfirst hinweg.
L. F.: Gezackter oder ungleichmäßiger Aalstrich; breiter oder schmaler Aalstrich; Unterbrechung des Aalstrichs vom Genick bis zu den Schulterblättern bzw. vom Ansatz der Blume bis zur hoch gelegten Blumenspitze.
S. F.: Unterbrechung des Aalstriches zwischen den Schulterblättern und der hoch gelegten Blumenspitze.
Die **Seitenzeichnung** wird gebildet von nicht zu großen, frei stehenden Flecken (Durchmesser etwa 3 cm). Auf jeder Körperseite gelten etwa sechs bis acht Seiten-

flecken als ideal. Sie sollten möglichst gleichmäßig verteilt sein. Bei der Bewertung werden nicht berücksichtigt vorhandene Flecken an Brust, Bauch, Läufen und Unterseite der Blume.
L. F.: Am Aalstrich leicht anhängende Seitenzeichnung; schwache, volle oder ungleichmäßige Seitenzeichnung; Anlage zur Kettenzeichnung (ein ein- oder beidseitig am Körper frei stehender Kettenpunkt; Genickpunkte, die vom Aalstrich weniger als 2 cm entfernt sind, gelten nicht als Kettenpunkte); kleine weiße Flecken in den Seitenzeichnungsflecken.
S. F.: Stark zusammenhängende Seitenzeichnung mit dem Aalstrich; Sattel- oder Mantelzeichnung; mehr als ein frei stehender Kettenpunkt auf einer Seite; weniger als drei Seitenflecken auf einer Seite.

Allgemeines

Der Reiz, den diese Rasse ausübt, liegt in der Schwierigkeit der Zucht. Wohl kein Kaninchenzüchter sieht dem Wurftag so erwartungsvoll entgegen wie der Scheckenzüchter, denn er erkennt schon am ersten Tag die Qualität des Wurfes. Alle Scheckenrassen sind spalterbig. Aus ideal gezeichneten Tieren können schwach gezeichnete oder einfarbige Tiere fallen. Neben der Zeichnung muss züchterisch großer Wert auf die weitere Verbesserung der Formen und Felle gelegt werden. Nur qualitativ gute, dichte und ausgehaarte Felle eignen sich bei entsprechender Zeichnung auch zur Verarbeitung von hochwertigen Produkten.
Eine Verpaarung zweier Typenschecken ist aus Tierschutzgründen nicht mehr statthaft, weil daraus nach Mendel 25 % sogenannte Weißschecken fallen, die nicht lebensfähig sind und spätestens kurz vor Erreichen der Geschlechtsreife verenden. Näheres zu den weiteren seit 2015 in Kraft getretenen Bestimmungen finden Sie auf Seite 22.

Deutsche Widder (DW)

Zuchtziel

Der Deutsche Widder wirkt urwüchsig, wuchtig, ohne dabei plump zu erscheinen. Er zeigt einen breiten, voluminösen, gut abgerundeten Körper und einen wuchtigen, starken Kopf mit kräftig gebogener „Ramsnase“ und Hängeohren. Ramskopf und Hängeohren, die an Bergschafe erinnern, trugen der Rasse ihren Namen ein. Viele könnten etwas schwerer sein. Bei einer großen Rasse ohne Gewichtsbegrenzung sollte man von überjährigen Tieren doch schon rund 7 kg erwarten dürfen.

Bei den grauen Widdern sollte mehr Wert auf Farbreinheit gelegt werden, auch wenn der Standard es ermöglicht, Tiere aus zwei grauen Farbenschlägen in einer Zuchtgruppe auszustellen.

Geschichtliches

Hängeohren sind eine mutative Domestikationserscheinung. Hängeohrige Kaninchen sind seit Langem in Frankreich und England bekannt, in England wurden sie 1810 zum ersten Mal beschrieben. Der Tübinger Züchter Wörner hatte 1869 die ersten Tiere aus Avignon eingeführt. Nach einer Periode von Fehlschlägen durch die Einkreuzung von Riesenkaninchen damaligen Typs erhielt die Rasse durch deutsche Züchter ihr heutiges Exterieur. Aus dem Französischen Widder wurde 1933 der Deutsche Widder – ein Prachtexemplar unter den Kaninchenrassen. Heute finden wir ansprechende Tiere auf allen Großschauen. Insbesondere auch die anderen Farbenschläge neben den Grauen sowie die Schecken gewinnen immer mehr Freunde.

Körperform, Typ, Bau, Stellung, Fellhaar

Gewicht: 4,5 bis 5,5 kg und mehr, Vollgewicht über 5,5 kg, Höchstgewicht 9 kg.

Form, Stellung: Der Körper zeichnet sich aus durch eine imposante, formschöne Massigkeit. Die Läufe sind kurz, kräftig und breit gestellt und geben dem Körper eine eher niedrige Stellung.

L. F.: Gestreckter Körper.

S. F.: Ausgeprägte Körperform des DR; völlig fehlender Widdertyp.

Kopf: Groß, breit, wuchtig; extrem breit ist die Stirn- und Schnauzpartie, auffallend kräftig sind die Backen; der breite Nasenrücken soll deutlich widderartig gebogen sein.

L. F.: Mangelhafte Kopfbildung.

Augen: Die Augen sind groß, jedoch nicht tief liegend.

1,0 Deutsche Widder, wildfarben-weiß

Behang: Der Behang weist an den Ohrenansätzen stark ausgeprägte, dicht beisammen liegende Wülste (Kronen) auf und wird zu beiden Seiten des Kopfes hufeisenförmig, röhrenartig und mit der Schallöffnung nach innen getragen. Die Ohren sind fleischig und an den Enden gut abgerundet. Die Behanglänge beträgt 38 bis 45 cm. Ideal ist der Behang, wenn er leicht nach vorne über das halbe Auge getragen wird.
L. F.: Schwach ausgeprägte Kronen; schwache, dünne, zusammengeklappte, schlecht getragene Ohren.
S. F.: Zeitweiliges Aufrechttragen eines oder beider Ohren; weniger als 38 cm und mehr als 45 cm Behanglänge.
Rumpf: Gedrungen, breit und massig, keinesfalls plump wirkend. Nacken kurz und kräftig, der Hals tritt nicht in Erscheinung.
L. F.: Hoch stehende Beckenknochen; leicht loses Brustfell.
Rücken: Gedrungen, breit, ebenmäßig bemuskelt, Schultern breit und fest. Die Hinterpartie ist gut gerundet.
Blume: Groß, breit, am Hinterkörper anschlagend aufrecht getragen.
Brust: Sehr breit, stark bemuskelt mit fester Fellhaut.
Läufe: Verhältnismäßig kurz und sehr kräftig, breit gestellt und gerade.
Fellhaar: Ungewöhnlich dicht ist die Unterwolle; gut, gleichmäßig und nicht zu hart ist die Begrannung. Die Fellhaarlänge beträgt etwa 4 cm.
L. F.: Etwas langes Fell; weiche Begrannung.

Häsin: Der Körperbau ist nur wenig zierlicher als beim Rammler. Ihr Kopf ist mehr oval, doch werden auch bei ihr die typischen Widder-Merkmale gefordert. Die Hinterpartie ist noch breiter.

1,0 Deutsche Widder, gelb

Farbe

Am verbreitetsten sind die Farbenschläge **Wild-, Hasen-, Dunkel-, Eisengrau** und **Hasenfarbig** sowie **Weiß (Rot- und Blauaugen)**. Daneben sind alle anderen **einfarbigen Farben**, ausgenommen die Silberung, zugelassen, außerdem auch die **Thüringerfarbe**.

Für die grauen Tiere gelten die bei den Deutschen Riesen, grau beschriebenen Forderungen, für alle anderen einfarbigen Tiere werden die Anforderungen an die Farbe der entsprechenden Rassen erhoben.

L. F.: Farbfehler wie bei Deutschen Riesen, grau; bei den übrigen einfarbigen Rassen die Farbmängel dort.

S. F.: Gänzlich schwarzer Kopf bei den dunkel- und eisengrauen Tieren sowie sichtbar weiße Haarbüschel in der Deckfarbe.

Zeichnung

Der Kopf einschließlich des Kronenbereichs und des Behangs ist überwiegend von der Zeichnungsfarbe erfasst. In der Mitte der Stirnpartie soll ein weißer Stirnfleck (Blesse) vorhanden sein. Ein etwas breiterer Stirnfleck, kleine Ausläufer am Stirnfleck und kleine weiße Spritzer im unmittelbaren Bereich des Stirnflecks bleiben unberücksichtigt. Die Kinnbackeneinfassung und die Unterlippe sollen weiß sein. Die gefärbte Unterlippe ist unerwünscht. Kleine weiße Einläufer im Schnauzbereich bleiben unberücksichtigt.

Der Rumpf wird von der Mantelzeichnung erfasst; sie ist frei von weißen Flecken und bedeckt gleichmäßig in Form eines durchgehenden Mantels den Rücken vom

1,0 Deutsche Widder, thüringerfarbig

Genick bis zum Blumenansatz, die Flanken des Tieres und die Oberseite der Blume. Kleine weiße Flecken im Genick (sogenannte Ansatzpunkte) bis zum Ende der Schulterblätter sowie kleine weiße Flecken und Streifen im unmittelbaren Randbereich der Blume bis zur hoch gelegten Blumenspitze bleiben unberücksichtigt; weiße Einläufer oder Flecken auf der Blumenoberseite sind unerwünscht. Weiße Einläufer und Flecken an den Flanken und Schultern im Randbereich der Mantelzeichnung bleiben unberücksichtigt, wenn sie nicht zu weit in den Mantel hineinragen.

Die Brust soll völlig weiß sein. Ebenso sollen die Vorderläufe im Vorderfußbereich, die Hinterläufe und die Blumenunterseite weiß sein. Der Bauch soll überwiegend weiß sein; einzelne Farbflecken am Bauch bleiben unberücksichtigt. Die Unterfarbe ist bei den gescheckten Tieren nur im Mantelbereich auf der Decke erforderlich. Die Krallen sind bei allen Farbenschlägen pigmentlos (weiß).

L. F.: Bezüglich der Farbe gelten die bei den Ursprungsrassen aufgeführten Bewertungskriterien: weiße Flecken in der Krone; kleine weiße Flecken im Augen-, Backen- und Schnauzbereich; bis zu zwei weiße Flecken im Bereich des Stirnflecks; fehlender Stirnfleck; teilweise gefärbte Unterlippe; etwas weit hoch gehende Einläufer zwischen Schnauz- und Backenbereich; grob zackige oder fehlende weiße Kinnbackeneinfassung; ungleichmäßige Mantelzeichnung; wenige Farbflecken auf der Brust; Farbflecken im Vorderfußbereich und an den Hinterläufen; etwas weiter in den Mantel hineinragende weiße Einläufer und Flecken an den Flanken im Randbereich der Mantelzeichnung; nicht völlig gefärbte Blumenoberseite; weiße Flecken an der Blumenoberseite oder farbige Flecken an der Blumenunterseite; überwiegend gefärbter Bauch; leichte Durchsetzung der Zeichnungsfarbe mit weißen Haaren; schwache, unreine oder aufgehellte Unterfarbe im Mantelbereich; eine einzelne, farbige Kralle.

S. F.: Bezüglich der Farbe gelten die bei den Ursprungsrassen aufgeführten Farbmängel: gänzlich einfarbiger Kopf; starkes Vorherrschen von Weiß am Kopf; mehr als zwei weiße Flecken im Bereich des Stirnflecks; gänzlich gefärbte Unterlippe; weiße Flecken im Behang, außer im Bereich der Krone; Nasenfleck; stark einseitige oder unvollständige, nicht zusammenhängende Mantelzeichnung; weiße Flecken in der geschlossenen Mantelzeichnung und stark in die Mantelzeichnung hineinragende Einläufer; starke Durchsetzung der Brust mit Zeichnungsflecken; völlig weiße Blumenoberseite oder völlig mit der Zeichnungsfarbe bedeckte Blumenunterseite; gänzlich mit Zeichnungsfarbe bedeckter Vorder- und/oder Hinterlauf; starke Durchsetzung der Zeichnungsfarbe mit weißen Haaren; starke Abweichungen in der Unterfarbe bezüglich der Anforderungen des Farbenschlags; andere als die geforderte Augenfarbe; mehr als eine farbige Kralle.

1,0 Deutsche Widder, blau-weiß

Allgemeines

Der Deutsche Widder verkörpert den Nutztyp in vollendeter Form. Die Jungen sind in den ersten Wochen stehohrig. Die Ohren fallen in der warmen Jahreszeit meist in der 5. Woche, nicht selten aber erst in der 8. Woche und später. Meist sind bei denjenigen Jungtieren die schönsten Kronen zu erwarten, bei denen die Ohren am längsten aufrecht getragen werden. Nachhilfe durch den Züchter ist erst dann angebracht, wenn beide Ohren sich auf die Seite legen.

Je schwerer die Zuchttiere sind, desto einfacher ist es auch, die Jungtiere auf Gewicht zu bringen. Einfarbige Tiere aus Scheckenwürfen müssen zwar tätowiert und können auch zur Zucht verwendet werden, dürfen jedoch seit 1995 nicht mehr ausgestellt werden.

Abteilung II – Mittelgroße Rassen

Meißner Widder (MW)

Zuchtziel

Der Meißner Widder vereinigt die Merkmale des Widders und des Silberkaninchens. Die gesilberten schwarzen Tiere wurden zuerst erzüchtet und waren in ihrem Typ auch die besten. Später kamen noch andere Farbenschläge hinzu; sie haben sich aber über ihr Entstehungsgebiet hinaus nicht weiter verbreitet. Dem Meißner Widder fehlt es vor allen Dingen noch an der Form, denn eine konstant vererbende Durchzüchtung des Widdertyps ist bei der seltenen Rasse zurzeit nicht überall gegeben.

Geschichtliches

Herausgezüchtet wurde die Rasse um die Jahrhundertwende durch Leo Reck, Meißen, der sich um sie auch später sehr verdient gemacht hatte. Reck zeigte seine Neuzüchtung 1906 zum ersten Mal der Öffentlichkeit. Die Rasse ist selten und lässt auch in der Qualität noch große Wünsche offen. Insbesondere die Gleichmäßigkeit der Silberung bereitet noch große Schwierigkeiten.

Körperform, Typ, Bau, Stellung, Fellhaar

Gewicht: 3,5 bis 4,5 kg, Vollgewicht 4,5 kg und mehr, Höchstgewicht 5,5 kg.

0,1 Meißner Widder, havannafarbig

Form, Stellung: Erscheint weniger gedrungen und massig als beim DW, doch sind Brust und Hinterpartie ebenfalls breit, die Stellung ist mittelhoch.
S. F.: Gänzliches Fehlen des Widdertyps.
Kopf: Widderartig, wenn auch nicht ausgeprägt wie beim DW; Nasenrücken schön ramsig gebogen; kräftige Form, Stirn- und Schnauzpartie breit.
L. F: Mangelhafte Kopfbildung.
Ohren: Der Behang hat eine Länge von 38 bis 42 cm und ist als Folge der geringeren Größe des Tieres etwas leichter als beim DW. Die Ohrmuscheln sind gut angesetzt und zu beiden Seiten des Kopfes röhrenartig voll; sie werden hohl getragen. Die Schallöffnung soll zum Kopf gerichtet sein.
L. F.: Schlecht getragene Ohren; leichter, schwacher Behang.
S. F: Schlechte Behangbildung; waagerecht oder teilweise aufrecht getragene Ohren.
Rumpf: Leicht gestreckt, walzenförmig, bemuskelt.
Rücken: Geht in guter Wölbung in die schön gerundete Hinterpartie über.
Läufe: Kräftig, breit stehend, Vorderläufe gerade aufgesetzt.
Fellhaar: Haarlänge etwa 3 cm, Unterwolle dicht, Begrannung gut und gleichmäßig.

Häsin: Der schnittigere Kopf manifestiert den Geschlechtscharakter. Bei älteren Häsinnen ist eine kleine, ebenmäßig geformte Wamme nicht fehlerhaft.

Farbe

Zugelassen sind die Farbenschläge **Schwarz, Blau, Gelb, Braun** und **Havannafarbig**. Die **Deckfarbe** soll am gesamten Körper, möglichst auch am Kopf, an Ohren und Läufen, gleichmäßig gesilbert und reichlich glänzend sein. Bezüglich der **Silberung** und Schattierung sind die Bestimmungen der Kleinsilber anzuwenden, ebenso bei der **Unterfarbe**.
L. F. und S. F.: Für die Abweichung in der Farbe und Silberung (völlig dunkler Kopf ohne jede Silberung ist schwer fehlerhaft) sind sinngemäß die Fehler der Deutschen Großsilber heranzuziehen.

Allgemeines

Die Durchsilberung der Jungtiere erfolgt etwas rascher als bei den anderen Silberkaninchen – ein Vorzug, der eine frühere Auslese gestattet. Ein lebhafteres Temperament als beim Deutschen Widder deutet noch heute auf die Abstammung der Rasse vom Kleinsilber hin. Bei der Zusammenstellung der Zuchtpaare wolle man besonderen Wert auf einen besseren Widdertyp und auf ein etwas längeres Fell legen. Eine Empfehlung an die Widderzüchter-Klubs wäre es, die Meißner Widder zu fördern!

Helle Großsilber (HGrS)

Zuchtziel

Ein mittelgroßes, schnellwüchsiges, robustes Kaninchen mit sehr gutem Fleischansatz. Helle Großsilber gehören nach wie vor zu den beliebtesten Kaninchenrassen. Zwar haben sie den Nimbus der Leistungsrasse insbesondere wegen ihrer Lebhaftigkeit eingebüßt, das konnte jedoch ihre Beliebtheit keineswegs mindern. Hauptzuchtziel ist eine schöne mittlere Farbe – gleichmäßig am ganzen Körper – in Verbindung mit einer harmonischen Walzenform.

Geschichtliches

Die Heimat der Rasse ist Frankreich, wo sie als „Champagne-Silber" bis ins 18. Jahrhundert zurückverfolgt werden kann. Sie ist eine sehr alte Rasse und auf die bewusste Anhäufung der Silberungsfaktoren aus modischen Avancen zurückzuführen. 1911 wurden die ersten Tiere in Deutschland eingeführt. Bis 1938 nannte man die Rasse bei uns „Französisches Silber", danach „Helles Großsilber". Damals war sie die am meisten gezüchtete und gehaltene Vereinsrasse. Heute ist sie eine gut verbreitete, durchgezüchtete Rasse von großer Beliebtheit.

0,1 Helle Großsilber

In den letzten Jahren zeigt sie beachtliche Qualitätssteigerungen in „Kopf und Ohr“. Sorgenkind ist oft die Unterfarbe, die bei sehr vielen Tieren mehr oder weniger mit weißen Haaren durchsetzt ist und die mit zunehmendem Alter sehr schnell aufhellt.

Mittlerweile sind die Champagne-Silber mit den dunklen Abzeichen als eigene Rasse in Deutschland anerkannt (siehe unten). Bei den Hellen Großsilber muss daher noch mehr auf eine Gleichmäßigkeit der Silberung, auch an den Extremitäten, der Schnauze, den Ohren und der Blume, geachtet werden.

Körperform, Typ, Bau, Stellung, Fellhaar

Gewicht: 3,5 bis 4,5 kg, Normalgewicht über 4,5 kg, Höchstgewicht 5,5 kg.
Form, Stellung: Der Körper ist gedrungen, kompakt und tief gestellt; er darf keinesfalls plump erscheinen.
Kopf: Markant entwickelt, breit die Stirn, voll die Backen, Nasenrücken leicht gewölbt.
Ohren: Kräftig aufgesetzt, straff aufgerichtet, fleischig und gut behaart; Enden löffelartig abgerundet, in der Länge harmonisch zur Körpergröße passend.
Rumpf: Walzenförmig, vorne und hinten gleich breit. Schultern fest und gut bemuskelt, volle Hinterpartie gut abgerundet; kräftiger, kaum wahrnehmbarer Nacken.
Blume: In der Verlängerung des Rückens gerade angesetzt, eng anliegend.
Rücken: Leicht gewölbt, breit.
Brust: Breit, voll, feste Fellhaut.
Läufe: Kräftig, mittellang und breit gestellt.
Fellhaar: Mittellang, Unterwolle dicht, Begrannung gut und gleichmäßig.

Häsin: Kopf nur wenig zierlicher als beim Rammler; bei älteren Häsinnen ist eine kleine, ebenmäßige, gut geformte Wamme zugelassen.

Farbe

Die **Deckfarbe** erscheint bläulich weiß, silberartig. Die helle Deckfarbe wird am gesamten Körper von schwarzen, glänzenden Grannenhaaren, den sogenannten Stichhaaren, um etwa 1 cm überragt. **Silberung** und **Stich** sollen gleichmäßig am ganzen Körper vorhanden sein. Die Silberung sollte außerdem auch an Kopf, Ohren und Läufen gleichmäßig vorhanden sein. Eine dunklere Nuance der Schnauze ist zulässig.

Die **Unterfarbe** ist dunkelblau ohne Durchsetzung mit durchgehenden weißen Haaren. Bei älteren Tieren wird sie blasser, was jedoch bei der Bewertung berücksichtigt werden muss. Die Augen sind braun, die Krallen schwarzbraun.
L. F.: Etwas helle oder dunkle Silberung; schwacher Stich; Kopf, Ohren, Läufe und Blume dunkel; durchsetzte Unterfarbe.

S. F.: Sichtbare weiße Flecken in der Decke (besonders häufig im Bereich der Blume zu finden).

Allgemeines
Die Rasse wurde früher als Mastrasse propagiert. Der Mastfähigkeit setzt jedoch die besondere Lebhaftigkeit der Rasse, die ein frühes Einzelsetzen der Jungtiere erfordert, deutliche Grenzen. Die Farbenzucht verlangt insofern Geduld, als man erst nach erfolgter Ausfärbung die Farbqualität der Tiere feststellen kann. Die Aussilberung ist mit etwa sechs Monaten beendet. Bereits kurze Zeit später beginnt die Entpigmentierung der Unterfarbe. Um richtig erfolgreich auszustellen, ist man also gezwungen, die Wurfzeit gezielt auf die Schauen zu planen.

Champagne-Silber (ChS)

Zuchtziel
Diese Rasse ist ein mittelgroßes, schnellwüchsiges, robustes Kaninchen mit sehr gutem Fleischansatz. Farblich entspricht diese Neuzüchtung der Schweizer Zuchtrichtung des Champagne-Silberkaninchens. Sie ist erst seit 2014 anerkannt.

Körperform, Typ, Bau, Stellung, Fellhaar
Gewicht: 3,5 bis 4,5 kg, Normalgewicht über 4,5 kg, Höchstgewicht 5,5 kg.
Form, Stellung: Der Körper ist gedrungen, kompakt und relativ hoch gestellt mit entsprechender Bodenfreiheit; er darf keinesfalls plump erscheinen.
Kopf: Markant entwickelt, breit die Stirn, voll die Backen, Nasenrücken leicht gewölbt.
Ohren: Kräftig aufgesetzt, straff aufgerichtet, fleischig und gut behaart; Enden löffelartig abgerundet, in der Länge harmonisch zur Körpergröße passend.
Rumpf: Walzenförmig, vorne und hinten gleich breit, Schultern fest und gut bemuskelt; volle Hinterpartie gut abgerundet; kräftiger, kaum wahrnehmbarer Nacken.
Blume: In der Verlängerung des Rückens gerade angesetzt, eng anliegend.
Rücken: Leicht gewölbt, breit.
Brust: Breit, voll, feste Fellhaut.
Läufe: Kräftig, mittellang und breit gestellt.
Fellhaar: Mittellang, Unterwolle dicht, Begrannung gut und gleichmäßig.

Häsin: Kopf nur wenig zierlicher als beim Rammler; bei älteren Häsinnen ist eine kleine, ebenmäßige, gut geformte Wamme zugelassen.

Farbe
Die **Silberung** besteht aus reichlich hellen, kurz gespitzten Deckhaaren, die silberfarbig erscheinen. Die sichtlich ausgeprägten, schwarz gespitzten, kräftigen Gran-

nenhaare, die das Deckhaar um etwa 10 mm überragen und gleichmäßig verteilt sind, ergeben den sogenannten **Stich**. Silberung und Stich verteilen sich gleichmäßig über den ganzen Körper mit Ausnahme der Abzeichen.

Die Ohren einschließlich der schwarzen Ohrenränder, die Augeneinfassungen, die Schnauzpartie, die Vorderfußglieder und die Blume sind weniger gesilbert und heben sich deutlich, jedoch ohne scharfe Abgrenzung von der Decke ab.

L. F.: Schwache oder ungleichmäßige Silberung, wenig Stich an einzelnen Körperteilen – außer im Bereich der Abzeichen; etwas stark gesilberte, das heißt schwach ausgeprägte Abzeichen.

S. F.: Gänzliches Fehlen der Silberung, ebenso der schwarzen Stichhaare an einzelnen Körperteilen – außer den Abzeichen; gänzliches Fehlen eines Abzeichens.

Die **Deckfarbe** erscheint im Gesamteindruck zusammen mit der leicht durchschimmernden Unterfarbe silberartig abgetönt. Die Ohren (einschließlich der schwarzen Ohrenränder), die Augeneinfassungen, die Schnauzpartie, die Vorderfußglieder und die Blume erscheinen aufgrund der wenig intensiven bzw. fehlenden Silberung schwärzlich. Die Augen sind dunkelbraun, die Krallen dunkelhornfarbig bis schwarzbraun.

0,1 Champagne-Silber

L. F.: Leichte farbliche Abweichungen in der Deckfarbe und in den Abzeichen; etwas unreine zum Beispiel schmutzig-graue Farbe; leichter Rostanflug; melierte oder leicht weiß durchsetzte Ohrenränder; leichte Abweichung der Krallen- oder Augenfarbe.
S. F.: Zu helle, fast weiß erscheinende Deckfarbe ohne silberfarbigen Ton; gänzlich weiße Brust; sichtbare weiße Flecken in der Deckfarbe einschließlich im Afterbereich und an der Blume; andere als schwärzliche Tönung der Abzeichen; schwarze oder weiße Haarbüschel; stark mit Weiß durchsetzte Ohrenränder und Abzeichen; andere als braune Augenfarbe; zweierlei oder pigmentlose Krallen.

Die **Unterfarbe** ist dunkelschieferblau. Sie darf am Haarboden etwas heller erscheinen, nimmt anschließend an Intensität zu und zeigt eine gut sichtbare schwärzliche Abgrenzung unter der Decke.
L. F.: Etwas blasse oder mit weißen Haaren durchsetzte Unterfarbe; schwache Unterfarbe im Afterbereich.
S. F.: Weiße, stark unrein vermischte oder fehlende Unterfarbe im Bereich aller Körperteile; reinweiße Unterfarbe im Afterbereich.

Allgemeines

Bei den Champagne-Silbern handelt es sich um die Schweizer Zuchtrichtung, während die französische Zuchtrichtung den Hellen Großsilberkaninchen entspricht.

Großchinchilla (GrCh)

Zuchtziel

Einer naturnahen Imitation des leuchtenden, seidenweichen, schiefergrau-blauen Fellhaares des echten Chinchillas sind bei einem Kaninchen Grenzen gesetzt. Hauptziel der Zucht ist heute Farbenreinzucht, nach den Fehlentwicklungen vergangener Jahrzehnte mit Nachdruck auch eine größere Einheitlichkeit in Form und Größe sowie ein insgesamt kompakterer Typ als noch vor einigen Jahren, als viele Großchinchilla noch „zu klein geratenen Riesenkaninchen“ ähnelten.

Geschichtliches

Chinchillakaninchen sind nicht durch Kreuzungen, sondern durch Mutation entstanden. Zum ersten Mal wurden einzelne Exemplare auf einer Pariser Ausstellung im Jahre 1913 durch Dybowski aus Nogant sur Marne ausgestellt. 1915 kamen diese Tiere nach England, wo Arren aus ihnen den großen Schlag erzüchtete. Von dort gelangten einige dieser Tiere durch Gustav Arlt aus Guben im Jahre 1920 über Holland nach Deutschland. Das Großchinchilla ist heute in allen Kaninchen züchtenden Ländern eine Standardrasse und bei uns eine Spitzenrasse.

Körperform, Typ, Bau, Stellung, Fellhaar

Gewicht: 3,5 bis 4,5 kg, Normalgewicht über 4,5 kg, Höchstgewicht 5,5 kg.
Form, Stellung: Der Körper ist leicht gestreckt, dabei walzenförmig und mittelhoch gestellt.
Kopf: Kräftig, breit, Backen und Unterkieferpartie stark entwickelt, Nasenrücken leicht geramst.
Ohren: Kräftig aufgesetzt, fleischig, gut behaart, an den Enden abgerundet, etwa 12 bis 13 cm lang.
Rumpf: Walzenförmig, breite Brust und gut gerundete Hinterpartie, voll, Schultern fest und gut entwickelt, breiter Nacken, kaum sichtbarer Hals.
Rücken: Breit, Rückenlinie gerade, hinten gut gerundet.
Blume: Gerade, angelegt.
Läufe: Kräftig, mittellang, breit gestellt.
Fellhaar: Etwa 3 cm lang, mit dichter Unterwolle und kräftiger, nicht zu harter Begrannung, sodass eine kräftige Schattierung ausgeprägt werden kann.

Häsin: Körper etwas zierlicher, mit weniger Kinnbackenausprägung, Hinterpartie in der Regel noch breiter als beim Rammler. Bei älteren Häsinnen ist eine kleine, gut geformte Wamme gestattet, doch ist Wammenfreiheit Zuchtziel.
L. F.: Größere Wamme.

1,0 Großchinchilla

Farbe

Die **Deckfarbe** erscheint insgesamt als ein bläulich schimmerndes lichtes Aschgrau. Diese Farbwirkung wird verursacht durch weißschwarze Deckhaare. Über sie ragen reinschwarze Grannenhaare hervor, die büschelweise zusammenstehen, unregelmäßig über das ganze Fell verbreitet sind und so die flockige **Schattierung**, die auf dem Rücken am kräftigsten ausgeprägt ist, ergeben. Die Gesamtfarbe soll jedoch möglichst gleichmäßig, auch an Brust und Läufen, und an den Flanken möglichst weit nach unten reichen. Unter der Deckfarbe befindet sich ein 2 bis 3 mm breiter schwärzlicher Streifen, das sogenannte „Kränzchen". Die Ohren sind schwarz gesäumt, der kleine Keil im Genick grauweiß; die Oberseite der Blume ist oben schwarz, grauweiß schattiert, die Unterseite weißlich. Weißlich ist auch die Bauchdeckfarbe. Die Augen sind dunkelbraun, die Krallen sind schwarzbraun.
L. F.: Etwas helle Brust und Vorderläufe; Binden an den Läufen; etwas helle Seiten und Flanken; bräunlicher Anflug an Kopf und Ohren; großer Keil; schwache Ohrenränder; gleichmäßige Schattierung; leichter Rostanflug.
S. F.: Bräunlicher Ton in der Deckfarbe; gelber Keil; gänzlich helle Brust und Vorderläufe; völlig gleichmäßige oder silbrige Schattierung; starker Rost.

Die etwa 0,5 cm breite **Zwischenfarbe** ist weiß. Verlangt wird eine möglichst scharfe Abgrenzung zur Deck- und Unterfarbe; von ihr hängt die Schönheit des Felltrichters ab, der beim Hineinblasen ins Fell entsteht.
L. F.: Schmale oder verschwommene Zwischenfarbe.
S. F.: Bräunlicher Ton in der Zwischenfarbe; gänzliches Fehlen der Zwischenfarbe; zu breite Zwischenfarbe über 10 mm.

Die **Unterfarbe** ist auch am Bauch dunkelblau, beginnt unmittelbar am Haarboden und erfasst etwa zwei Drittel der Haarlänge. Eine blaue Unterfarbe am Bauch sollte bei älteren Häsinnen wenigstens in der Brust- und Schoßpartie noch vorhanden sein.
L. F.: Unreine, durchsetzte, helle Unterfarbe; bräunliche Unterfarbe am Bauch; helle oder weiße Bauchunterfarbe in der vorderen Bauchgegend.
S. F.: Gänzlich weiße Bauchunterfarbe.

Allgemeines

Die Rasse zeichnet sich durch hohe Wirtschaftlichkeit aus. Neben guter Zunahmeleistung sind insbesondere auch die Mutterleistungen zu loben.

Die Zucht chinchillafarbiger Kaninchen ist nicht einfach, da oft Tiere mit guter Deckfarbe und Schattierung eine etwas dunkle Zwischenfarbe und Tiere mit hervorragender weißer Zwischenfarbe oft eine etwas zu gleichmäßige Schattierung zeigen.

Insbesondere auch bezüglich des Typs gibt es manchmal Probleme. So finden wir auch heute noch Tiere, die mehr oder weniger im Riesentyp stehen und nicht die gewünschte, leicht gestreckte Walzenform zeigen.
Bei der Zucht der chinchillafarbigen Kaninchen sollte man solche Tiere bevorzugt einsetzen, die den Haarungsprozess schnell durchlaufen, denn auch deren Nachzucht wird sich länger in der Fellblüte präsentieren.

Mecklenburger Schecken (MSch)

Zuchtziel

Die Mecklenburger Schecke ist eine mittelgroße Mantelschecke mit aufrecht stehenden Ohren. Die Rasse hat ein interessantes Zeichnungsbild. Wie alle Scheckenrassen sind auch die Mecklenburger spalterbig bezüglich der Scheckungsanlage. Die Zeichnung selbst lässt sich züchterisch sehr wohl durch entsprechende Selektion in einem Zuchtstamm verbessern. Besonders bei gezielter Linienzucht mit gut gezeichneten Tieren ist bereits nach wenigen Generationen ein homogeneres Zeichnungsbild bei allen Tieren einer Zucht zu erreichen.

0,1 Mecklenburger Schecken, blau-weiß

Geschichtliches

Der Zuchtfreund Rudolf Wulf aus Goldenbow gilt als Herauszüchter der Mecklenburger Schecke, die er aus Blauen Wienern, Alaska und gescheckten Deutschen Widdern erzüchtet hat. Er zeigte sie erstmals auf einer Bezirksausstellung in Wittenberge im Jahre 1980. Wulf hat sich auf die Farbe Schwarz-Weiß beschränkt, während der Zuchtfreund Günter Vetter aus Bautzen den rot-weißen Farbenschlag herauszüchtete. Die Rasse hat nach wenigen Jahren auch im Westen bereits eine Reihe von Freunden gefunden. Besonders nach rot-weißen Tieren ist die Nachfrage so groß, dass sie teilweise nicht gedeckt werden kann.

Körperform, Typ, Bau, Stellung, Fellhaar

Gewicht: Normalgewicht 4,5 kg, Mindestgewicht 3,5 kg, Höchstgewicht ist 5,5 kg.
Form, Stellung: Der Körper ist gedrungen, walzenförmig, vorne und hinten gleich breit.
Rücken: Breit und ebenmäßig, hinten gut gerundet.
Fellhaar: Das Fellhaar ist mittellang, in der Unterwolle sehr dicht mit gleichmäßiger Begrannung.
Läufe: Die Läufe sind kräftig und mittellang.
Wamme: Bei älteren Häsinnen ist eine kleine, gut geformte Wamme zugelassen.

Kopf und Ohren

Der Kopf ist kurz und kräftig. Stirn- und Schnauzpartie sind breit, die Backen gut ausgeprägt. Der Kopf sitzt ohne erkennbare Halsbildung dicht am Rumpf. Die Ohren sind sehr kräftig im Gewebe; in ihrer Länge entsprechen sie der gedrungenen Körperform.
L. F.: Nicht entsprechend ausgeprägte Kopfbildung; dünne, faltige Ohren; etwas kurze oder lange, nicht der Körpergröße entsprechende Ohren.
S. F.: Stark vom Rasse- oder Geschlechtstyp abweichende Kopfbildung; gänzlich abweichende Trageweise der Ohren.

Zeichnung

Diese Rasse besitzt die Mantelzeichnung: Der Kopf einschließlich des Ohrenansatzes und der Ohren ist überwiegend von der Zeichnungsfarbe erfasst. In der Mitte der Stirnpartie soll ein weißer Stirnfleck (Blesse) vorhanden sein. Ein etwas breiterer Stirnfleck, kleine Ausläufer am Stirnfleck und kleine weiße Spritzer im unmittelbaren Bereich des Stirnflecks bleiben unberücksichtigt. Die Kinnbackeneinfassung und die Unterlippe sollen weiß sein. Die gefärbte Unterlippe ist unerwünscht. (Anmerkung: Eine schmale seitliche Unterkiefereinfassung – wie bei den klassischen Punktschecken – mit teilweiser Färbung der Unterlippe bleibt unberücksichtigt.) Kleine weiße Einläufer im Schnauzbereich bleiben unberücksichtigt. Der Rumpf wird von der Mantelzeichnung erfasst; sie ist frei von weißen Flecken und bedeckt gleichmäßig in Form eines durchgehenden Mantels den Rücken vom Genick bis zum Blumenansatz, die Flanken des Tieres und die Oberseite der Blume. Kleine weiße Flecken im Genick (sogenannte Ansatzpunkte) bis zum Ende der Schulterblätter sowie kleine weiße Flecken und Streifen im unmittelbaren Randbereich der Blume bis zur hoch gelegten Blumenspitze bleiben unberücksichtigt; weiße Einläufer oder Flecken auf der Blumenoberseite sind unerwünscht. Weiße Einläufer und Flecken an den Flanken und Schultern im Randbereich der Mantelzeichnung bleiben unberücksichtigt, wenn sie nicht zu weit in den Mantel hineinragen.

Die Brust soll völlig weiß sein, ebenso die Vorderläufe im Vorderfußbereich, die Hinterläufe und die Blumenunterseite. Der Bauch soll überwiegend weiß sein; einzelne Farbflecken am Bauch bleiben unberücksichtigt.

L. F.: Weiße Flecken am Ohrenansatz; kleine weiße Flecken im Augen-, Backen- und Schnauzbereich; bis zu zwei weitere kleine weiße Flecken im Bereich des Stirnflecks; fehlender Stirnfleck; teilweise gefärbte Unterlippe (siehe auch Anmerkung oben); etwas weit hoch gehende Einläufer zwischen Schnauz- und Backenbereich; grob zackige oder fehlende weiße Kinnbackeneinfassung; ungleichmäßige Mantelzeichnung; einzelne kleine Farbflecken auf der Brust; Farbflecken im Vorderfußbereich und an den Hinterläufen; etwas weiter in den Mantel hineinragende weiße Einläufer und Flecken an den Flanken im Randbereich der Mantelzeichnung (die Beurteilung richtet sich nach dem Schaubild der anerkannten Farbenschläge – Standard 2004, Seite 74); nicht völlig gefärbte Blumenoberseite; weiße Flecken an der Blumenoberseite bzw. farbige Flecken an der Blumenunterseite; überwiegend gefärbter Bauch.

S. F.: Gänzlich einfarbiger Kopf; starkes Vorherrschen von Weiß am Kopf; mehr als zwei weitere weiße Flecken im Bereich des Stirnflecks; gänzlich gefärbte Unterlippe; weiße Flecken in den Ohren, außer im Bereich des Ohrenansatzes; Nasenfleck; stark einseitige oder unvollständige, nicht zusammenhängende Mantelzeichnung; weiße Flecken in der geschlossenen Mantelzeichnung und stark in die Mantelzeichnung hineinragende Einläufer (die Beurteilung richtet sich nach dem Schaubild der anerkannten Farbenschläge – Standard 2004, Seite 74); überwiegend mit Farbflecken bedeckte Brust; völlig weiße Blumenoberseite bzw. völlig mit der Zeichnungsfarbe bedeckte Blumenunterseite; gänzlich mit Zeichnungsfarbe bedeckter Vorder- und/oder Hinterlauf; gänzlich mit Zeichnungsfarbe bedeckte Bauchpartie bzw. blaue Bauchunterfarbe im gesamten Bauchbereich bei den grau-weißen Farbenschlägen.

Farbe

Anerkannt sind die Farbenschläge **Schwarz-Weiß, Blau-Weiß, Rot-Weiß, Eisengrau-Weiß, Dunkelgrau-Weiß, Wildfarben-Weiß** sowie **Thüringerfarbig-Weiß** (erst seit 1.10.2014 anerkannt). Für die vorstehenden Farbenschläge werden die jeweiligen Anforderungen an Farbe, Zeichnung und Abzeichen der entsprechenden Rassen erhoben.

Die Grundfarbe ist reinweiß. Die Zeichnungsfarbe ist intensiv und mit gutem Glanz versehen. Die Unterfarbe bzw. Zwischen- und Unterfarbe ist nur im Mantelbereich auf der Decke erforderlich. Die Augenfarbe ist bei den vorstehenden Farbenschlägen braun. Die Krallen sind bei allen Farbenschlägen pigmentlos (weiß).

L. F.: Leichte Durchsetzung der Zeichnungsfarbe mit weißen Haaren; schwache, unreine oder aufgehellte Unterfarbe bzw. Zwischen- und Unterfarbe im Mantelbereich; ferner im Mantelbereich die entsprechenden leichten Fehler der Ausgangsrasse; eine einzelne, farbige Kralle.

S. F.: Starke Durchsetzung der Zeichnungsfarbe mit weißen Haaren; starke Durchsetzung der Unterfarbe bzw. Zwischen- und Unterfarbe; blaue Bauchunterfarbe im gesamten Bauchbereich bei den grau-weißen Farbenschlägen; ferner im Mantelbereich die entsprechenden schweren Fehler der Ausgangsrassen; andere als die geforderte Augenfarbe; mehr als eine farbige Kralle.

1,0 Mecklenburger Schecken, thüringerfarbig-weiß

Allgemeines

Das Fell der Mecklenburger Schecke eignet sich in Natur gut für die Verarbeitung zu Fellgegenständen. Die Rasse hat mittlerweile auch in Westdeutschland eine größere Zahl von Liebhabern gewinnen können und in den letzten Jahren sind einige neue und attraktive Farbenschläge entstanden. Selbst als Zwerge mit Mantelzeichnung gibt es sie jetzt.

Englische Widder (EW)

Zuchtziel

Die Zucht dieser Rasse erfordert viel Idealismus. Zur Erreichung der großen Ohrmuscheln genügen Zuchtauslese und Wärme; deshalb sollte man die Zucht möglichst in die warme Jahreszeit verlegen. Die Anwendung von Zwangsmitteln, wie vor wenigen Jahrzehnten empfohlen, ist Tierquälerei. Leider bestehen nicht nur bei Außenstehenden, sondern auch bei manchem Züchter Ressentiments gegen diese schöne Kaninchenrasse. So wurde ihr sogar Tierschutzrelevanz unterstellt und die Standardkommission sanft von den sogenannten Tierschützern dazu bewegt, die Behanglängen bei diesen Tieren zu reduzieren und den Typ den anderen normalen Rassen anzugleichen. Das ist schade, denn mit dieser einzigartigen Rasse alter Prägung geht ein Kulturgut verloren.

Ich habe selbst einige Jahre Englische Widder alter Prägung im Stall gehabt, die teilweise Behanglängen bis 72 cm und Behangbreiten bis 16,5 cm brachten. Nie habe ich feststellen können, dass eines der Tiere unter seinen langen Ohrmuscheln litt. Nie hat sich ein Tier am Behang verletzt. Gerade diese Rasse war besonders lebhaft, vital und zutraulich.

Geschichtliches

Die Rasse stammt aus England und ist ein naher Verwandter des DW. Die englischen Züchter selektierten gezielt auf Behanglänge und niedrige Stellung und schufen sich ihre Nationalrasse. Die ersten Englischen Widder wurden 1853 nach Frankreich exportiert und dort mit großen hängeohrigen Tieren gekreuzt. Paul Starke brachte die ersten Tiere aus England zu uns. Um die Jahrhundertwende nahmen sie bereits die zweite Stelle unter den deutschen Kaninchenrassen ein, doch ließ die anfängliche Begeisterung mehr und mehr zu wünschen übrig. 1939 befassten sich nur noch drei Züchter mit ihnen; der Kontinentale Englische Widder-Club hatte sich aufgelöst. Die Rasse ist bis heute eine Rarität geblieben. Die wenigen deutschen Züchter stellen auf den Bundesschauen regelmäßig Tiere sehr guter Qualität aus. Ihre Zusammenarbeit in einer Interessengemeinschaft wirkt sich positiv auf die Rasse aus.

Körperform, Typ, Stellung, Fellhaar, Behang

Gewicht: 3,25 bis 4,25 kg, Normalgewicht über 4,25 kg, Höchstgewicht 5,25 kg.

Form, Stellung: Der Englische Widder ist im Vergleich zum Deutschen Widder feingliedriger und schlanker, jedoch gut bemuskelt. Die Läufe sind mittellang, kräftig und gerade aufgesetzt. Sie ergeben eine mittelhohe Stellung mit genügend Bodenfreiheit.

L. F.: Etwas tief stehende Vorhand.

S. F.: Stark tief stehende Vorhand ohne jegliche Bodenfreiheit.

Kopf: Länglich, dennoch ein ausgesprochener Widderkopf, breit in der Stirn- und Schnauzpartie; der Nasenrücken, vor allem des Rammlers, ist deutlich geramst.

Rumpf: Leicht gestreckt, feingliedrig mit breiter, möglichst gut gerundeter Hinterpartie.

Fellhaar: Das Fellhaar ist etwas kürzer und leichter als beim Deutschen Widder. Anzustreben ist eine dichte Unterwolle und eine gleichmäßige Begrannung. Die Ohrmuscheln sind gut behaart.

Behang: Die Beschaffenheit des Behanges wird bei der Körperform mitbewertet. Die stark vergrößerten und verlängerten Ohrmuscheln sind an der Wurzel ohne Wulst nahezu glatt und schmal angesetzt und hängen, die Schallöffnung nach vorne gerichtet, schlaff am Körper herab. Sie sind am breitesten in der Mitte und am Ende gut abgerundet. Sie sind fleischig, im Gewebe kräftig und sollten möglichst frei von Verunstaltungen und Verletzungen wie Wucherungen, Knoten, Rissen usw. sein.

1,0 Englischer Widder, blau

L. F.: Dünne Ohren, geringe Knotenbildung, kleine Riss- oder Bisswunden; Abweichungen vom Normalmaß in der Behanglänge und -breite.
S. F.: Stark zerrissene oder stark verknorpelte Ohrmuscheln; nach einer Seite getragener Behang.

Häsin: Der Geschlechtscharakter muss deutlich in Erscheinung treten; eine kleine, gut geformte Wamme ist zulässig.

Behanglänge

Für die Behanglänge und Behangbreite beim Englischen Widder gelten nachfolgende Bestimmungen: Die Behanglänge beträgt 55 bis 60 cm. 59 bis 60 cm gelten als volles Maß.
Die Behanglänge ist wie folgt zu beurteilen:

59 bis 60 cm	15,0 Punkte
58 bis 59 cm	14,5 Punkte
57 bis 58 cm	14,0 Punkte
56 bis 57 cm	13,5 Punkte
55 bis 56 cm	13,0 Punkte
54 bis 55 cm	12,5 Punkte

Die Höchstgrenze liegt bei 60 cm, die Untergrenze bei 54 cm. Die Behanglänge ist mit dem Metermaß über dem Kopf des Tieres von einer Spitze zur anderen zu messen. Dabei sind die Ohren leicht anzuziehen.

Behangbreite

Die Breite der Ohren wird in der Mitte des Behanges festgestellt. Gemessen wird die größte Breite ohne die Behaarung an den Ohrenrändern. Die Ohrenbreite beträgt zwischen 11 und 14 cm. 13,5 bis 14,0 cm gelten als volles Maß. Die Breite wird nach folgender Punkteskala bewertet:

13,5 bis 14,0 cm	15,0 Punkte
13,0 bis 13,5 cm	14,5 Punkte
12,5 bis 13,0 cm	14,0 Punkte
12,0 bis 12,5 cm	13,5 Punkte
11,5 bis 12,0 cm	13,0 Punkte
11,0 bis 11,5 cm	12,5 Punkte

Die Höchstgrenze liegt bei 14,0 cm, die Untergrenze bei 11,0 cm.

Farbe und Zeichnung

Für die Englischen Widder gelten die gleichen Bestimmungen wie für die Deutschen Widder.

Allgemeines

Für die Zucht der Rasse benötigt man vor allem große Stallungen. Deren Maße müssen mindestens 1 m Breite, 80 cm Tiefe und 60 cm Höhe betragen. Als Einstreu verwendet man bestes Roggen- oder Weizenstroh. Bei Häsinnen mit Jungen ist eine tägliche Nachstreu notwendig. Die Qualität der Einstreu ist entscheidend, weil die Ohren ohne ausreichende Einstreu abkühlen und weniger wachsen. Der Behang hat bei etwa fünf Monate alten Tieren seine größte Länge erreicht.
Die Tiere sind, obwohl man annehmen dürfte, sie seien durch den langen Behang eingeschränkt, sehr lebhaft. Um Verletzungen der Behänge zu verhindern, sollten ihnen bereits mit acht Wochen die scharfen Spitzen der Krallen gekürzt werden. Die langen Behänge schränken die Tiere nicht in der Bewegung und im Wohlbefinden ein. Englische Widder sind eine unserer reizvollsten Kaninchenrassen.

Deutsche Großsilber (DGrS)

Zuchtziel

Die Herauszüchter der Rasse hatten die Absicht, ein großes Silberkaninchen zu erzüchten, da ihnen die Fellgröße des Kleinsilberkaninchens nicht ausreichte. In der Qualität der Silberung reichen die meisten DGrS nicht an die Spitzenzuchten der Kleinsilber heran. Am meisten verbreitet ist der schwarze Farbenschlag, sehr gut auch einige Zuchten der Blauen. Die beiden anderen Farbenschläge Havannafarbig und Gelb hinken hinterher, sowohl in der Qualität der Tiere als auch in der Verbreitung. Recht ansprechend sind auch die 1994 anerkannten Braunen.

Geschichtliches

Das Deutsche Großsilber ist die großformatige Kopie des Kleinsilberkaninchens. Herauszüchter waren Detmolder Züchter; unter ihnen ist vor allem Georg Stein zu nennen. Als „Germaniasilber" stellten sie 1911 ihre Tiere zum ersten Mal aus. Friedrich Nagel aus Neudietendorf kreuzte Blausilber mit Blauen Wienern und erhielt die „Deutschen Großsilber" – blaugesilberte Tiere mit einem Gewicht von 5 bis 6 kg, einer vorzüglichen Silberung und einem guten, halblangen Fell. Die Kreuzungen der Germaniasilber und der Deutschen Großsilber, die Einkreuzung von Hellen Großsilbern und französischen Silberkaninchen schufen ein unentwirrbares Rassengemisch.
Noch in den 1950er- und 1960er-Jahren war die Körperform der Rasse wenig einheitlich, doch befinden sich die Züchter auf dem rechten Weg. Nach ihrer Aner-

kennung im Jahre 1994 hat sich der lange Weg der braunen DGrS als „Neuzüchtung“ nun doch gelohnt.

Körperform, Typ, Bau, Stellung, Fellhaar

Gewicht: 3,25 bis 4,25 kg, Normalgewicht über 4,25 kg, Höchstgewicht 5,25 kg.
Form, Stellung: Mittelgroß, mittelhoch gestellt, etwas gestreckter als beim Hellen Großsilber, weder zu lang noch zu gedrungen.
Kopf: Markant, harmonisch, kräftig.
Ohren: Kräftig, gut aufgesetzt, voll behaart, der Größe des Körpers entsprechend.
Rumpf: Walzenförmig, Brust breit, Hinterpartie breit und gut gerundet, Hals kurz.
Rücken: Kräftig, breit gerundet, Rückenlinie leicht gewölbt.
Läufe: Mittellang, stark.
Fellhaar: Fellhaar etwas kürzer als beim Hellen Großsilber, doch immer noch mittellang; Begrannung kräftig und gleichmäßig, Unterwolle dicht.

Häsin: Bei älteren Häsinnen ist eine kleine, gut geformte Wamme zulässig.

Farbe

Anerkannt sind die Farben **Schwarz, Blau, Gelb, Graubraun** und **Havannafarbig**. Der Silberung wird hervorgerufen durch die weiß gespitzten Grannenhaare, die mög-

1,0 Deutsche Großsilber, blau

lichst gleichmäßig verteilt gewünscht werden, Kopf und Ohren eingeschlossen. Da die **Deckfarbe** mehr oder weniger stark überwiegt, ist die Schattierung dunkel. Zugelassen sind ein heller, mittlerer und dunkler Schlag, wobei dem mittleren der Vorzug zu geben ist.
Die Bauchfarbe ist matter. Die Augenfarbe ist bei den Schwarzen, Gelben, Graubraunen und Havannafarbigen braun, bei den Blauen blaugrau. Die Krallen sind bei den Schwarzen, Blauen, Graubraunen und Havannafarbigen dunkel, bei den Gelben hornfarbig.
L. F.: Schwache oder flockige Silberung; etwas hellerer oder dunklerer Kopf; hellere oder dunklere Ohren, Brust, Läufe oder Blume; leichter Rost.
S. F.: Gänzlich fehlende Silberung; zu helle Schattierung; ganz dunkler Kopf; völlig helle Brust und Läufe; starker Rost.

Die **Zwischenfarbe** ist bei den Graubraunen leuchtend rotbraun.
Die **Unterfarbe** ist bei den Schwarzen, Graubraunen und Havannafarbigen mittelblau, bei den Blauen etwas heller, bei den Gelben kräftig gelb.
L. F.: Unreine und leicht durchsetzte Unterfarbe.
S. F: Sehr starke Durchsetzung der Unterfarbe.

Im Übrigen gelten die gleichen Bestimmungen wie bei den Kleinsilbern.

Allgemeines

Die Rasse hat ihre Schwierigkeiten, die sich nicht so einfach ausräumen lassen. Es fängt bereits damit an, dass die Silberung nur so gut sein kann wie das Fellhaar, das sie trägt. Außerdem bereitet es offenbar bei den DGrS deutlich größere Schwierigkeiten als bei den Kleinsilbern, eine gleichmäßige Silberung auch an Kopf, Ohren, Läufen und Blume zu erzüchten. Es gibt hier also noch viel zu tun. Es fehlen nur noch einige Züchter mehr, die es anpacken.

Burgunder (Bu)

Zuchtziel

Zuchtziel ist ein mittelgroßes, leicht gestrecktes Tier, das demgemäß auch etwas längere Ohren zeigt. Die Farbe ist gelbwildfarbig, also deutlich heller als beim Roten Neuseeländer.

Geschichtliches

Diese schon seit 1914 in Frankreich anerkannte Kaninchenrasse von leichter gelblicher Farbtönung wurde in der französischen Provinz Bourgogne (Burgund) herausgezüchtet. Seit 1961 waren führende französische Züchter wie Arnold

Aupetit und der bekannte deutsche Züchter Dr. H. C. Kissner, Darmstadt, bemüht, die Farbe zu intensivieren, wodurch die helleren Partien eine mehr rötliche Tönung erhalten sollten. Dass ihnen dies gelungen ist, zeigt der heutige Stand der Rasse.

Körperform, Typ, Bau, Stellung, Fellhaar

Gewicht: Normalgewicht 4,25 kg, Mindestgewicht 3,25 kg, Höchstgewicht 5,25 kg.
Form, Stellung: Leicht gestreckt, vorne und hinten gleich breit, mit einer ebenmäßigen Rückenlinie versehen und hinten gut abgerundet, insgesamt hoch gestellt.
Kopf: Der Kopf ist kräftig. Stirn- und Schnauzpartie sind breit, die Backen beim Rammler ausgeprägt.
Ohren: Sie sind gut aufgesetzt und fleischig, werden V-förmig getragen und sind im Vergleich zu anderen Mittelrassen etwas länger.
Läufe: Die Stellung auf geraden und breit gestellten Vorderläufen ist hoch und bewirkt so eine gute Bodenfreiheit.
Fellhaar: Das Fell ist mittellang und in der Unterwolle sehr dicht, gut und gleichmäßig begrannt.

Häsin: Bei älteren Häsinnen ist eine kleine, gut geformte Wamme zugelassen.

1,0 Burgunder

Farbe

Die **Deckfarbe** ist gelbrot und warm im Ton; sie erstreckt sich gleichmäßig über den ganzen Körper. Die Wildfarbigkeitsabzeichen (Nasenlöcher, Augeneinfassung, Kinnbackeneinfassung und Bauch) sind cremefarben, die Blumenunterseite ist weiß. Die Augen sind braun, die Krallen dunkelhornfarbig. Die Unterfarbe ist etwas heller als die Deckfarbe, rein ohne andersfarbige Durchsetzung und bis zum Haarboden durchgehend.

L. F.: Leichte Farbverblassung; etwas helle Unterfarbe.

S. F: Starker brauner Anflug; reinweiße Binden; reinweiße Bauchdecke.

Allgemeines

Der Burgunder hebt sich durch die etwas schlankere Form von dem immer einheitlicher werdenden Pool walzenförmiger Mittelrassen ab, die sich vom Typ her immer ähnlicher werden und sich eigentlich nur noch durch die Farbe unterscheiden. Die Rasse dürfte auch wirtschaftlich sein. Gerade solche Rassen, die nicht extreme Verkürzungen der Knochen und extreme Gedrungenheit zeigen, sind regelmäßig im Zuchtgeschehen zuverlässiger. Natürlich ist die Rasse hier noch relativ neu, doch sie findet zunehmend einen breiteren Züchterkreis. Interessant sind die Burgunder auf alle Fälle.

Blaue Wiener (BlW)

Zuchtziel

Zuchtziel ist ein mittelgroßes, walzenförmiges Kaninchen mit ausgeprägten runden Formen, einem schönen, kräftigen Kopf und einer intensiven, jedoch nicht zu dunklen, reinen, blauen Fellfarbe. Es soll in sich optimal Schönheit und Nutzeigenschaften vereinen.

Geschichtliches

Als Erzüchter gilt J. C. Schultz aus Wien-Hetzendorf. Er wollte den Importrassen eine bodenständige Rasse entgegensetzen, von der er sich einen doppelten wirtschaftlichen Nutzen versprach: ergiebige Fleischproduktion und schönes Fell. Um 1890 hatte er begonnen, mit Belgischen Riesen, Französischen Halbwiddern und Lothringer Riesen zu züchten. 1895 erhielt er anlässlich einer Ausstellung im Wiener Prater eine Goldmedaille. Ab 1898 vererbte die Farbe rein. Im Laufe der folgenden Jahre reduzierte man das Gewicht von bis dahin 7 kg und mehr auf Mittelrassenniveau. Die ersten Tiere gelangten 1903 nach Deutschland (Hamburg).

Der Blaue Wiener ist heute eine unserer Spitzenrassen. Bei Großschauen stellt er nach wie vor unter den Mittelrassen ein großes Kontingent.

Körperform, Typ, Bau, Stellung, Fellhaar

Gewicht: 3,25 bis 4,25 kg, Normalgewicht 4,25 kg und mehr, Höchstgewicht 5,25 kg.
Form, Stellung: Körper breit, walzenförmig, leicht gestreckt wirkend. Schulter kompakt, vorne und hinten gleich breit. Stellung mittelhoch.
Kopf: Ohne Übertreibung groß, kräftig, Kopf- und Schnauzpartie breit, Backen gut entwickelt, Nasenbein leicht geramst.
L. F.: Schmale Kopfpartie.
Ohren: Gut aufgesetzt, fleischig, straff aufgerichtet getragen, gut behaart, an den Enden löffelartig, offen getragen, Länge der Körperlänge entsprechend (etwa 11 cm).
L. F.: Dünne, faltige, schwach behaarte Ohren, breite Ohrenhaltung.
Rumpf: Kompakt, walzenförmig, muskulös, Brust breit, voll ausgeprägt, fast gerade; Hinterpartie breit, Flanken gut gefüllt; Hals kaum erkennbar, Nacken breit und kräftig.
Rücken: Breit, hinten gut abgerundet.
Blume: Gerade und fest anliegend getragen.
Läufe: Knapp mittellang, kräftig.
L. F.: Lange, dünne Läufe.

1,0 Blaue Wiener

Fellhaar: Mit etwa 3,5 cm mittellang, Unterwolle sehr dicht, daher seidenweich, gut und gleichmäßig begrannt.

Häsin: Kopf nur wenig länglicher als beim Rammler. Bei älteren Häsinnen ist eine kleine, wohlgeformte Wamme zulässig.
L. F.: Größere Wamme.

Farbe

Die **Deckfarbe** ist ein kräftiges Mittelblau, ohne Extreme nach Hell oder Dunkel. Guter Glanz sollte auf der Decke liegen. Die Farbe sollte rundherum am Tier gleichmäßig vorhanden sein. Lediglich die Bauchfarbe selbst ist etwas matter und erscheint weniger glänzend. Die Augen sind blaugrau, die Krallen sind dunkel.
L. F.: Etwas hellere Decke (Farbverblassung); melierte, reifartige Deckfarbe; dunkle Farbe, helle Spürhaare; leichter bräunlicher Anflug; geringe Farbabweichung an Kopf, Ohren, Brust und Läufen; leichte Durchsetzung mit weißen Haaren; leichter bräunlicher Anflug unter der Decke.
S. F.: Zu helle, farblose oder zu dunkle, nach Schwarz tendierende Deckfarbe; starker Rost; stark weiß durchsetzte Deckfarbe und Ohrenränder; starker brauner Anflug unter der Decke.
Die **Unterfarbe** ist nur wenig heller als die Deckfarbe; sie soll rein und intensiv sein und bis zum Haarboden durchgehen.
L. F.: Etwas helle oder durchsetzte Unterfarbe.
S. F: Sehr unreine, stark weiß durchsetzte Unterfarbe.

Allgemeines

Blaue Wiener sind eine Rasse von mittlerer Wirtschaftlichkeit. Dunklere Tiere neigen eher zum braunen Anflug. Sie sollten daher nur mit Vorsicht zur Zucht verwendet werden. Teilweise ist das Fell, um den Kopf stärker zu betonen, lang gezüchtet worden, teilweise steckt auch der Langhaarfaktor in der Rasse. Ebenso treten recht häufig Zahnmissbildungen auf. Natürlich ist es schwieriger, eine Kaninchenrasse züchterisch auf hohem Niveau zu halten, als eine Rasse auf einen hohen Zuchtstand zu bringen.

Blaugraue Wiener (BlgrW)

Zuchtziel

Zuchtziel ist eine Synthese der guten Eigenschaften von Blauen und Grauen Wienern. Die Rasse bietet alle Vorzüge der Wirtschaftlichkeit des Mittelrassensegments und dazu noch die attraktive Blauwildfarbe, die bisher nur bei Perlfeh, Klein- und Zwergwiddern zu sehen war.

Geschichtliches

Ansätze zur Erzüchtung fehfarbiger großer Kaninchenrassen hat es in Deutschland bereits mehrfach gegeben: So gab es schon in der ersten Hälfte des letzten Jahrhunderts Bestrebungen, eine fehfarbige Riesenrasse zu züchten, die damals unter dem Namen Honnefer Riesenfeh in den Reichsbewertungsbestimmungen geführt wurde. Auch heute sind blaugraue Riesenkaninchen zugelassen. In Deutschland (nicht in den Niederlanden) dürfte es jedoch kaum Tiere der Rasse geben.
Die Blaugrauen Wiener waren unter der Rubrik „Andersfarbige Wiener" bis 1964 im Standard des damaligen ZDK anerkannt, gerieten jedoch im Laufe der Jahre in Vergessenheit. Erst durch die Zuchtbemühungen von Dirk Wortmann, Reutlingen, und einer ab 1989 stets wachsenden Anzahl von Mitstreitern konnten sich die Blaugrauen Wiener erneut einen festen Platz in der Wiener-Familie erobern. Bereits als Neu- bzw. Nachzüchtung, erstmalig offiziell vorgestellt bei der 14. Bundes-Rammlerschau 1993 in Oldenburg, zeigten sich die Tiere in bester Qualität, sodass die erneute Anerkennung der Blaugrauen Wiener schon 1997 erfolgte. Man darf davon ausgehen, dass diese züchterisch sehr reizvolle Rasse auch künftig ihren Züchterstamm halten bzw. ausbauen wird.

Körperform, Typ, Bau, Stellung, Fellhaar

Gewicht: 3,25 bis 4,25 kg, Normalgewicht 4,25 kg, Höchstgewicht 5,25 kg.
Form, Stellung: Der leicht gestreckte, walzenförmige Körper ist mittelhoch gestellt.
Kopf: Kräftig, jedoch nicht klobig, breite Stirn und Schnauze, gut entwickelte Kinnbacken.
Ohren: Dem Körper entsprechend kurz, kräftig strukturiert, an den Enden gut gerundet, V-förmig, nicht zu breit gestellt.
Rumpf: Breit, walzenförmig, Brust voll ausgeprägt, Hinterpartie gut gerundet, kräftiges Genick.
Rücken: Breit, volle Flanken, ebenmäßige Rückenlinie.
Läufe: Mittellang, stark.
Fellhaar: Mit etwa 3,5 cm Haarlänge mittellang, dichte Unterwolle, gute, kräftige und gleichmäßige Begrannung.

Häsin: Die Häsin ist in allen Teilen schnittiger als der Rammler und möglichst wammenfrei. Bei älteren Häsinnen ist eine kleine, gut geformte Wamme zugelassen. L. F.: Wamme bei Häsinnen unter einem Jahr.

Farbe

Die **Deckfarbe** ist blaugrau (blauwildfarbig) in den Abtönungen hell, mittel und dunkel. Der mittleren Tönung ist der Vorzug zu geben. Die Bauchdeckfarbe und die Unterseite der Blume sind weiß bis hellcremefarbig. Die Schattierung der Decke wird hervorgerufen durch blau gespitzte Haare, die bündelweise zusammenstehen;

sie soll am ganzen Körper möglichst gleichmäßig verteilt sein und an den Seiten weit nach unten reichen. Die Brust, die Flanken und die Läufe dürfen etwas heller sein, sollen aber möglichst mit der Deckfarbe am Rücken übereinstimmen. Die Augenringe, die Kinnbackeneinfassung und die Innenseiten der Läufe sind gräulich weiß bis cremefarbig. Die Ohren sind blau umrandet. Der kleine Genickkeil ist nicht scharf abgegrenzt und bräunlich. Die Blumenoberseite ist dunkel und kräftig gesprenkelt. Die Augen sind blaugrau, die Krallen hornfarbig.
L. F.: Ungleichmäßige Schattierung der Decke; schwach gesprenkelte Blumenoberseite; schmaler Ohrenrand; durch Ein- oder Ausläufer unsauber abgegrenzter Ohrenrand; leichte Durchsetzung des Ohrenrands mit andersfarbigen Haaren; etwas großer oder andersfarbiger Genickkeil; leicht weiße Durchsetzung der Deckfarbe; hellere Brust, Flanken und/oder Läufe; helle Bindenansätze.
S. F.: Zu dunkle oder zu helle Deckfarbe; stark weiß durchsetzte Deckfarbe; völliges Fehlen der Sprenkelung auf der Blumenoberseite; stark weiß durchsetzter Ohrenrand oder sichtbarer weißer Büschel oder Fleck im Ohrenrand; fehlende Schattierung; reinweiße Binden oder Zehen; andere als die geforderte Augenfarbe; zweierlei oder pigmentlose Krallen.
An den farbigen Körperteilen befindet sich eine 5 bis 8 mm breite, zur Unterfarbe gut abgegrenzte braune bis bräunlich rote **Zwischenfarbe**, die fließend in die Deck-

1,0 Blaugraue Wiener

farbe übergeht. Die **Unterfarbe** ist am ganzen Körper einschließlich des Bauches graublau und umfasst etwa die Hälfte bis zwei Drittel der Haarlänge. Die Unterfarbe an der Blumenunterseite bleibt unberücksichtigt.

L. F.: Schwache, verschwommene oder etwas aufgehellte Zwischenfarbe; etwas schmale oder breite Zwischenfarbe; leicht weiß durchsetzte Zwischen- und/oder Unterfarbe; Bauchunterfarbe nur im Brust- und Schoßbereich.
S. F.: Stark farblich unreine oder stark weiß durchsetzte Zwischen- oder Unterfarbe; zu breite Zwischenfarbe, wenn sie mehr als 10 mm beträgt; gänzliches Fehlen der Zwischenfarbe und/oder der Unterfarbe; am Haarboden reinweiß abgesetzte Unterfarbe; gänzliches Fehlen der graublauen Bauchunterfarbe.

Allgemeines

Die Blaugrauen Wiener sind als „neue, alte Rasse“ eine echte Bereicherung des Rassenspektrums. Das zeigt auch das rege Interesse der Züchterschaft an diesen wirtschaftlichen und zugleich ansprechenden blauwildfarbigen Kaninchen.

Schwarze Wiener (SchwW)

Zuchtziel

Angestrebt wird ein Kaninchen im Typ der Blauen Wiener, jedoch mit schwarzer Fellfarbe.

Geschichtliches

Die Rasse soll 1925 erstmalig ausgestellt worden sein und 1931 bei der Siegerschau in Leipzig ihren ersten Höhepunkt erreicht haben. Bis in die 1960er-Jahre war die Rasse sehr selten. Seither hat sie doch mehr Freunde gefunden, die sie mittlerweile in recht brauchbarer Qualität erhalten.

Körperform, Typ, Bau, Stellung, Fellhaar

Gewicht: 3,25 bis 4,25 kg, Normalgewicht 4,25 kg und mehr, Höchstgewicht 5,25 kg.
Form, Stellung: Wie Blaue Wiener.
Kopf: Kräftig, mit breiter Stirn und Schnauze, kräftigen Kinnbacken und leicht gebogenem Nasenrücken.
Ohren: Gut aufgesetzt, fleischig, an den Ecken gut abgerundet.
Rumpf: Kompakt, walzenförmig, muskulös mit ebenmäßiger, hinten gut gerundeter Rückenlinie.
Läufe: Knapp mittellang, kräftig.
Fellhaar: Mittellang (etwa 3,5 cm), ähnlich wie das der Blauen Wiener, jedoch kräftiger begrannt.

1,0 Schwarze Wiener

Allgemeines

Man sollte die Rasse rein züchten und auf Kreuzungen verzichten. Tiere, die aussehen wie Alaskakaninchen, rechtfertigen den Bestand der Schwarzen Wiener als Rasse nicht unbedingt. Der Wiener Typ ist leicht gestreckt-walzenförmig.

Weiße Wiener (WW)

Zuchtziel

In den 1930er-Jahren wurde der Begriff „Wiener Typ", der Typ des Weißen Wiener, gekürt und zum Allgemeingut der Rassekaninchenzüchter. Der Begriff verbindet Nutzform und Schönheit in nahezu idealer Weise. Daran sollte sich der Züchter auch weiterhin halten. Weiße Wiener müssen sich im Typ deutlich von den Weißen Neuseeländern abheben. Sie sind wesentlich weniger gedrungen, zeigen eine mittelhohe Stellung, eine rundere Kopfform und ein kräftiger begranntes Fell. Tiere, die hiervon abweichen und Neuseeländertyp zeigen, sollten aus der Zucht verschwinden. Sie entsprechen nicht dem Zuchtziel.

Geschichtliches

Weit verbreitetes Zuchtziel nicht nur in Deutschland seit den 1980er-Jahren war ein weißes Kaninchen mit blauen Augen. 1902 begann der Eisenbahnbeamte der Wiener Nordbahn Wilhelm Mucke, dieses Ziel ebenfalls vor Augen, schwach gezeichnete blaue Holländer zu paaren; nach fünfzehnjähriger Züchterarbeit stellte er seine ersten Weißen Wiener der Öffentlichkeit vor.

Sie waren die Sensation der damaligen Zeit. Mucke aber hielt man für den „Glücklicheren" vor anderen, dem der große Wurf durch Verdrängungszucht, wie man noch in den 1920er-Jahren glaubte, eben gelang.

1910 kamen die ersten Original-Wiener nach Deutschland. Sie wurden eine Moderasse und in den 1930er-Jahren eine der anerkannten sieben Wirtschaftsrassen, vielfach sogar „Vereinsrasse". Die Weißen Wiener haben durch die Weißen Neuseeländer eine bedeutende Konkurrenz erhalten, der sie bislang jedoch standhalten.

Körperform, Typ, Bau, Stellung, Fellhaar

Gewicht: 3 bis 4 kg, Normalgewicht 4 kg und mehr, Höchstgewicht 5 kg.
Typ: Der Wiener Typ tritt am augenfälligsten in Erscheinung bei gut 4 kg. Die Statur ist insgesamt kleiner als die des Blauen Wiener.
Form, Stellung: Körperform wie beim Blauen Wiener. Da auch Eleganz gefordert wird, leicht gestreckt, Körper breit, Fleisch- und Muskelpartien vorhanden. Stellung mittelhoch.
L. F.: Leichte Abweichungen vom Typ.
Kopf: Kurz, kräftig, Stirn und Schnauze breit, Backen ausgeprägt, Nasenrücken leicht gebogen.
L. F.: Schmale Kopfpartie.
Ohren: Gut aufgesetzt, fleischig, dicht behaart, schön gerundet, straff aufrecht getragen; Länge entsprechend der Körperform.
L. F.: Dünne, schwach behaarte oder zu breit gestellte Ohren.
Rumpf: Breit, gedrungen, walzenförmig, Flanken gut gefüllt, Schultern gut bemuskelt, Hals kaum erkennbar.
Rücken: Breit, hinten schön abgerundet, Rückenlinie ebenmäßig.
Läufe: Mittellang, kräftig.
L. F.: Lange, dünne Läufe.
Fellhaar: Mittellang (etwa 3 cm), sehr dicht, Begrannung fein und gleichmäßig, jedoch nicht zu schwach.

Häsin: Eleganter, zierlicher, in allen Teilen etwas schnittiger als der Rammler. Bei älteren Häsinnen ist eine kleine, gut geformte Wamme zugelassen.

Farbe

Die **Deckfarbe** ist reinweiß. Sie erstreckt sich völlig gleichmäßig über den ganzen Körper, Kopf und Ohren eingeschlossen. Die **Unterfarbe** ist der Deckfarbe ohne jegliche Abweichung gleich. Die Augen sind blau, die Krallen farblos.
L. F.: Kleine Farbabweichungen am Körper; gelblicher Kopf; graue Halspartie und Kinnbacken; gelblicher Anflug an Bauch und Sohlen.

Allgemeines

Die Weißen Wiener sind eine Rasse mit durchschnittlicher Verbreitung und Wirtschaftlichkeit. Im Gegensatz zu albinotischen Rotaugen sind die Tiere sehr lebhaft und beweglich.

Langhaarfaktor und Zahnanomalien sind nicht selten. Tiere im Neuseeländertyp, die auf unerlaubte Einkreuzungen schließen lassen, sollten wieder ausgemerzt werden. Hier wäre manchmal ein entsprechender Fingerzeig auf der Bewertungskarte angebracht. Der Wiener Typ ist nun mal leicht gestreckt.

1,0 Weiße Wiener

Graue Wiener (GrW)

Zuchtziel

Graue Wiener sind eine im „Wiener Typ“ stehende Rasse, bei der die grauen Farbenschläge zugelassen sind. Sie zeichnet sich durch hervorragende Wirtschaftlichkeit aus.

Geschichtliches

Die heute als „Grauer Wiener“ bezeichneten Kaninchen stammen aus der Zeit der weit verbreiteten rasselosen Hauskaninchen. Als „Deutsches Kaninchen“ wurden sie, gleichsam als Gegengewicht gegen die meist importierten Rassen, in den ersten deutschen Standard aufgenommen. Doch gerieten sie nahezu in Vergessenheit. Nicht zuletzt Gustav Korn, Eislingen, war es, der sie über die 1920er-Jahre hinwegrettete. 1935 erinnerte man sich erneut an die Rasse, wünschte sie mittelgroß, hasengrau und propagierte sie als Nutzkaninchen des kleinen Mannes.

1,0 Graue Wiener, wildfarben

Korn erreichte 1936 die Anerkennung des dunkelgrauen Farbenschlages. 1938 folgte die Zulassung der übrigen Grauschläge. Die erhoffte Verbreitung blieb aus. Anlässlich der 1. Reichskörschau 1943 in Leipzig versuchte man es erneut: Die Rasse sollte zur Einheitsrasse werden. Seither existierte sie, 1962 wohl endgültig den Wienern zugeordnet, lange am Rande der Ausstellungszucht. Seit einigen Jahren ist die Rasse auf einmal wieder da, und zwar in einer Qualität, die bei den Züchtern der anderen Wienerrassen Wunschträume wachruft.

Körperform, Typ, Bau, Stellung, Fellhaar

Gewicht: 3 bis 4 kg, Normalgewicht 4 kg und mehr, Höchstgewicht 5 kg.

Form, Stellung: Der Körper ist leicht gestreckt, walzenförmig, vorne und hinten gleich breit, mit einer ebenmäßigen Rückenlinie versehen und hinten gut abgerundet.

Kopf: Extrem kräftig, Stirn und Schnauze breit, Backen gut entwickelt.

Ohren: Dem Körper entsprechend kurz, fleischig, oben schön gerundet, gut behaart.

Rumpf: Breit, walzenförmig, Brust voll ausgeprägt, Hinterpartie gut gerundet, Hals kurz, Nacken kräftig.

Rücken: Breit, in den Flanken gut gefüllt, Rückenlinie ebenmäßig.

Läufe: Mittellang, stark.

Fellhaar: Mit etwa 3 cm mittellang, Unterwolle sehr dicht, Begrannung gut und gleichmäßig.

Häsin: Kaum weniger kräftig als der Rammler und möglichst wammenfrei. Bei älteren Häsinnen ist eine kleine, gut geformte Wamme zugelassen.
L. F.: Größere Wamme.

Farbe

Anerkannt sind die Farbenschläge **Wildfarben** und **Dunkelgrau**.
Die Farben entsprechen jeweils denjenigen der Deutschen Riesen, grau (siehe dort), lediglich die Schattierung wird der Haarlänge entsprechend feiner und gleichmäßiger gefordert.

Allgemeines

Wie der Phönix aus der Asche sind sie auferstanden und in die Spitzengruppe der deutschen Kaninchenrassen gestürmt. Der Himmel (und der clevere Züchter) wissen, woher diese Flut an Spitzentieren stammt. Die Rasse ist außerdem noch sehr wirtschaftlich. An der Reinerbigkeit muss allerdings hier und da noch gearbeitet werden. Außerdem muss Wert auf einen Wiener Typ gelegt werden. Es sollten Graue Wiener sein und keine „Grauen Neuseeländer“.

Weiße Hotot (WH)

Zuchtziel

Das Zuchtziel dieser Rasse ist ein elegantes, walzenförmiges, leicht gestrecktes weißes Kaninchen mit schmalen schwarzen Augenringen und dunkelbraunen Augen. Da die Rasse spalterbig ist, sollte auf große Wurfstärke Wert gelegt werden.

Geschichtliches

Ende des 19. Jahrhunderts hatte Hermann Ziemer, Arnstadt, vielfach die Erzüchtung einer weißen Rasse mit blauen Augen gefordert. Er selbst suchte diesem Ziel durch die Verdrängung der Holländerscheckung näher zu kommen. Ergebnis dieser Bemühungen war das Husumer Kaninchen. In der gleichen Weise ging Eugénie Bernard aus dem nordfranzösischen Städtchen Hotot en Ange seit 1910 mithilfe schwach gezeichneter französischer Schecken – Kreuzungstiere aus Platten- und Punktschecken – vor und erhielt schließlich reinweiße Tiere mit dunklen Augenringen. 1912 wurde die Rasse zum ersten Mal ausgestellt und anerkannt. 1927 gelangten die ersten Hotots blancs in die Schweiz, von dort kamen durch Friedrich Joppich 1930 einige Tiere nach Deutschland. Die Rasse blieb jedoch unbeachtet. 1959 begann Dr. Kissner, Darmstadt, mit Schweizer Tieren aufs Neue mit der Zucht. Die Verbreitung der Rasse hat steigende Tendenz.

1,0 Weiße Hotot

Körperform, Typ, Bau, Stellung, Fellhaar

Gewicht: 3 bis 4 kg, Normalgewicht 4 kg und mehr, Höchstgewicht 5 kg.
Form, Stellung: Etwas eleganter und etwas höher gestellt, sonst dem Weißen Wiener recht ähnlich: breit, doch leicht gestreckt, gut bemuskelt.
Kopf: Möglichst kurz, mit breiter Stirn- und Schnauzpartie.
Augen: Groß, lebhaft.
Ohren: Fleischig, straff aufrecht getragen, Enden abgerundet, gut behaart, der Körperform entsprechend nicht zu lang.
Rumpf: Breit, walzenförmig, mit voller Brust und gut gerundeter Hinterpartie; Hals und Nacken kaum sichtbar.
Rücken: Leicht gewölbt, Rückenlinie ebenmäßig. Die mittellange, gerade Blume wird anliegend getragen.
Läufe: Mittellang, kräftig, Hinterläufe gut aufsitzend.
Fellhaar: Gut 3 cm lang, Unterwolle recht dicht, Begrannung gut und gleichmäßig.

Häsin: In allen Teilen feiner als der Rammler; möglichst wammenfrei, doch ist bei älteren Häsinnen eine kleine, wohlgeformte Wamme zugelassen.

Farbe und Zeichnung

Anerkannt ist nur der **schwarz-weiße Farbenschlag**. Die Grundfarbe ist gleichmäßig am ganzen Körper in Deck- und Unterfarbe reinweiß mit gutem Glanz. Rein und tiefschwarz sind die Augenringe von 3 bis 5 mm Breite, möglichst gleichmäßig breit und ohne Zacken. Die Augenlider verlaufen nach den Seiten fleischfarben. Die Augen sind dunkelbraun, je dunkler, desto besser, ohne Flecken und Marmorierung. Die Krallen sind farblos.
L. F.: Breite, schmale oder ungleichmäßige Augeneinfassung; fleischfarbene Augenlider; weiß durchsetzte Augenringe; wenig dunkle Haare an Kopf und Ohren; gelber oder grauer Anflug in der Farbe.
S. F.: Über 6 mm breite Augeneinfassung; unterbrochene oder mit weißen Flecken durchsetzte Augenlider; dunkle Flecken am Körper (auch an Kopf und Ohren); andere als schwarze Augenringe.

Allgemeines

Die Rasse ist spalterbig. In allen Würfen treten Tiere mit Abzeichen deutlicher Holländer- und Englischer Scheckung auf, selbst Weißlinge, also Tiere ohne Augenringe. Doch überwiegt die typische Zeichnung, die sich bereits wenige Tage nach der Geburt feststellen lässt. Die Rasse ist überdurchschnittlich robust, frohwüchsig, mastfähig und fruchtbar, weshalb sie mehrere Jahre lang in Frankreich zahlreiche Hotot-Kaninchenfarmen bevölkerte. In Deutschland stagniert die Verbreitung seit Jahren. Die Rasse hat aber einen festen Züchterstamm. Die Zucht sollte mehr auf Verbesserung der Körperform und der Ohrenlänge gerichtet sein.

Rote Neuseeländer (RN)

Zuchtziel

Nach Prof. Nachtsheim (1935) hat sich die Rasse in Kalifornien „zweifellos als eine der besten Wirtschaftsrassen erwiesen“; doch fehlte den Importtieren u. a. die ihnen nachgesagte Frohwüchsigkeit. So ist die Rasse heute eine Farbenrasse mit mittlerer Wirtschaftlichkeit. Das Zuchtziel ist jedoch schwierig zu realisieren, weil sich typische Fehler wie heller Bauch und dunkler Anflug besonders hartnäckig vererben.

Geschichtliches

Seit Beginn des 20. Jahrhunderts wurde die Rasse in Kalifornien aus gelbwildfarbigen Belgischen Riesen und belgischen Hasenkaninchen in den Zuchtstationen des Landes erzüchtet – zur Fleischversorgung der Großstädte. Kurz vor dem Ersten Weltkrieg erreichten die ersten Importe England und Frankreich. Anfang der 1920er-Jahre wurde die Rasse in Frankreich aus den noch vorhandenen Importtieren neu erzüchtet sowie über Holland und England amerikanische Tiere erneut importiert, aber ohne Erfolg. 1930 veranlasste Friedrich Joppich einen ersten deutschen Transport; die Tiere enttäuschten. 1947 folgten weitere Importe aus England und Holland, mehr jedoch aus Frankreich, der Schweiz und Österreich. Heute ist die Rasse bei durchschnittlicher Qualität recht gut verbreitet.

Körperform, Typ, Bau, Stellung, Fellhaar

Gewicht: 3 bis 4 kg, Normalgewicht 4 kg und mehr, Höchstgewicht 5 kg.
Form, Stellung: Nutzform, breit, vorne und hinten gleich, allseits schön gerundet; Stellung knapp mittelhoch.
Kopf: Kurz, kräftig, Stirn und Schnauze breit, Backen voll entwickelt.
Ohren: Mittellang, gut aufgesetzt, straff aufgerichtet, fleischig, gut behaart.
Rumpf: Walzenförmig, Brust und Hinterpartie voll ausgeprägt, Hals kaum erkennbar, Nacken kurz und kräftig.
Rücken: Hinten gut gerundet, Rückenlinie ebenmäßig.
Läufe: Mittellang, kräftig.
Fellhaar: Mit etwa 3 cm mittellang, nicht zu fein, dichte Behaarung und gute, jedoch nicht grobe Begrannung.
L. F.: Grobes, langes oder dünnes Fell.

Häsin: Sie gleicht dem Rammler bis auf die geschlechtsbedingten Unterschiede; eine kleine, wohlgeformte Wamme bei älteren Häsinnen ist zugelassen.

Farbe

Die **Deckfarbe** ist breit, sattrot und gut glänzend. Gerade durch den Glanz erhält die Farbe Intensität. Die Wildfarbigkeitsabzeichen (Augenringe, Kinnbackeneinfassung,

Bauchfarbe, Innenseite der Läufe und Unterseite der Blume) dürfen heller getönt sein; sie sollen zwar matter, aber von ähnlicher Intensität sein wie die Oberfarbe. Weiße Wildfarbigkeitsabzeichen dagegen sind fehlerhaft.
Die Deckfarbe ist am ganzen Körper, auch an Kopf, Ohren, Brust und Vorderläufen, gleichmäßig; sie soll vom Rücken über die Flanken bis zur Bauchpartie reichen. Die Augen sind braun, die Krallen dunkelhornfarbig.
Die **Unterfarbe** soll der Deckfarbe möglichst ähnlich und rein sein. Sie soll ohne Durchsetzung bis zum Haarboden durchgehen.
L. F.: Etwas helle oder leicht durchsetzte Deckfarbe; leicht heller oder dunkler Anflug (besonders häufig an den Ohrenrändern); etwas helle Brust, Seiten, Schenkel und Läufe, Binden; etwas fleckige Deckfarbe; weißliche Unterseite der Blume; etwas helle oder durchsetzte Unterfarbe.
S. F.: Zu helle, farblose Tiere; mit schwarzen Haaren durchsetzte Decke; schwarze Ohrensäumung; sichtbare weiße Flecken in der Deckfarbe; ganz helle Brust und Läufe; reinweiße Binden, Augenringe und Kinnbackeneinfassung; stark unreine oder gänzlich verwaschene Unterfarbe; reinweiße Bauchfarbe und Unterseite der Blume.

1,0 Rote Neuseeländer

Allgemeines

Züchterisch sind die Roten Neuseeländer zweifellos mit die schwierigste einfarbige (genetisch gesehen sind die roten und gelben Kaninchen nicht einfarbig, sondern rot-wildfarbig) Rasse. Probleme neben den schwarz gespitzten Grannen, die sich extrem hartnäckig vererben, bereitet besonders die Körperform. Viele Tiere sind einfach noch zu eckig. In manchem Schlag wird auch durch sehr langes, zudem meist noch dünnes Fellhaar Kopfstärke vorgetäuscht.

Weiße Neuseeländer (WN)

Zuchtziel

Ein gedrungenes, breites, blockiges Tier mit deutlich verkürztem, extrem ausgeprägtem Kopf und vollfleischigen Ohren. Das Fell sollte sich aufgrund enormer Dichte, nicht jedoch wegen weicher, schwacher Grannen vollgriffig und weich anfühlen. Angestrebt wird außerdem eine gute Mastfähigkeit.

Geschichtliches

Zwischen den beiden Weltkriegen war die Rasse wie der Rote Neuseeländer in den Zuchtstationen Kaliforniens erzüchtet worden. Als Ausgangsrassen sind lediglich bekannt geworden der Rote Neuseeländer und das Angorakaninchen. Dank seiner legendären Leistungseigenschaften erreichte sein Ruf in den frühen 1950er-Jahren Europa und inspirierte hier zunächst eine Reihe von Züchtern zu eigenständigen Erzüchtungen einer Fleischrasse. 1958 wurden die ersten Originaltiere nach England importiert, wenig später erhielt die damalige Bundesforschungsanstalt für Kleintierzucht in Celle 2,3 Weiße Neuseeländer. Von ihrem heutigen Habitus weit entfernt, wurden die ersten Tiere 1960 ausgestellt. 1963 erfolgte die Anerkennung. Die Rasse erlebte nach dem Krieg einen Boom wie keine zweite.
Leider trugen jedoch lasche Bewertungen, aber auch einseitige Konzentration der Züchter auf den Kopf dazu bei, dass es mit der Rasse wieder bergab ging. Der Kopf ist zwar heute so stark wie nie. Jedoch zeigen viele Tiere erhebliche formliche Mängel. Ganz besonders häufig treten X- und O-Beine auf, durchgetretene Läufe, lose Fellhaut, hoch stehende Hüftknochen, lose Schultern usw. Viele Felle sind heute zu lang, zeigen wenig Dichte, weiche Grannen und andere Strukturfehler.

Körperform, Typ, Bau, Stellung, Fellhaar

Gewicht: 3 bis 4 kg, Normalgewicht 4 kg und mehr, Höchstgewicht 5 kg.

Form, Stellung: Der Weiße Neuseeländer war ursprünglich als ausgesprochene Fleischrasse konzipiert. Der Körper ist breit, gedrungen, blockig. Die Stellung ist niedrig und nur durch den Fleischtyp vertretbar, dennoch sollte der Bauch nicht auf dem Tisch aufliegen, sondern etwas Bodenfreiheit gefordert werden. Etwas lange Vorderläufe, die eine hohe Stellung bewirken, sowie keine angemessene Bodenfreihei sind als leichte Fehler zu bewerten sind, da weder das eine noch das andere rassetypisch ist.

Kopf: Kurz, kräftig, Stirn und Schnauze breit, Nase leicht geramst.

Ohren: Dem gedrungenen Körper entsprechend kurz, stark im Gewebe, oben voll abgerundet, gut behaart.

L. F.: Schwach behaarte, dünne oder faltige Ohren; längere Ohren sowie Ohren unter 10 cm Länge.

Rumpf: Sehr breit, Fleischpartien deutlich sichtbar, Hinterpartie voll gerundet, Flanken stark gefüllt; Hals und Nacken nicht erkennbar.

Rücken: Breit, Rückenlinie ebenmäßig, Hinterpartie gut gerundet.

Blume: Relativ kurz, straff anliegend.

Läufe: Verhältnismäßig kurz, kräftig, breit gestellt, gerade.

L. F.: Lange, dünne Läufe; X- oder O-Beine; durchgetretene Läufe.

Fellhaar: Mittellang (etwa 3 cm), Unterwolle dicht wie kaum bei einer anderen Rasse; über den gesamten Körper hinweg gleichmäßige, kräftige, jedoch nicht grobe Begrannung.

Häsin: Bis auf die geschlechtsbedingten Merkmale dem Rammler gleich. Wammenfreiheit ist geboten, doch ist eine kleine, gut geformte Wamme bei älteren Häsinnen zugelassen.

1,0 Weiße Neuseeländer

Farbe

Die **Deck-** und **Unterfarbe** ist reinweiß und ohne jegliche Abweichung gleichmäßig am ganzen Körper, in gleicher Weise auch an Kopf, Ohren, Läufen und Bauch. Sie sollte einen guten Glanz zeigen. Ein ganz leichter elfenbeinfarbener Anflug ist Indiz für ein sehr dichtes Fell und kein Fehler. Die Augen sind blassrot, die Krallen farblos.
L. F.: Kleine Farbabweichungen am Körper; gelber Anflug; graue Halspartie und Kinnbacken.
S. F.: Stark gelblicher oder grauer Anflug in der Deckfarbe.

Allgemeines

Die Züchter der Rasse müssen sich wieder auf die alten Werte besinnen, die einst der Rasse ihren guten Ruf gaben. Gab es nicht vor 30 Jahren Tiere, die Fellqualitäten zeigten, wie es sie bis dahin noch nie gab? Wo sind sie geblieben? Die Konzentration auf den Kopf führt auch zum Schwund der Leistungseigenschaften. Es dürfte doch mittlerweile bekannt sein, dass die dafür eingesetzten Häsinnen mit extrem starkem Kopf hormonell zum Teil große Probleme haben und daher in der Zucht versagen. Etwas Besinnung der Züchter und ein gewisses Umdenken sind allerdings schon erforderlich, um den alten Stand wieder zu erreichen.

Große Marderkaninchen (GrM)

Zuchtziel

Zuchtziel ist ein mittelgroßes, gedrungenes Kaninchen mit der Farbe und den Abzeichen des Marderkaninchens.

Geschichtliches

Die Rasse war im ehemaligen Ostblock herausgezüchtet worden und kam bei der Vereinigung in unseren Standard. Sie hat seither keine große Verbreitung gefunden, was wohl auch an der relativ schwierigen spalterbigen Zucht liegen mag.

Körperform, Typ, Bau, Stellung, Fellhaar

Gewicht: Normalgewicht 4 kg und mehr, Höchstgewicht 5 kg, Mindestgewicht 3 kg.
Form, Stellung: Der Kopf ist der Größe der Rasse entsprechend, mit vollen Backen und dicht am Körper anliegend. Der Rumpf soll vorn und hinten gleich breit und gut bemuskelt sein.
Läufe: Die Läufe sind kurz und kräftig.
Ohren: Die Ohren sind fleischig und am Ende gut abgerundet.
Fellhaar: Das Fell ist mittellang mit dichter Unterwolle und gleichmäßiger Begrannung.
L. F.: Etwas gestreckter Rumpf; mangelnde Proportionen des Rumpfes; wenig behaarte Ohren.

Farbe

Deckfarbe: Anerkannt sind nur der braune und der blaue Farbenschlag in heller bis mittlerer Abtönung. Nicht zugelassen sind die dunklen, fast einfarbigen Tiere. Die Deckfarbe ist von einem lichten Braun oder Blau, das nach den Flanken und Seiten lichter verläuft. Hinterpartie und Schulter sind etwas dunkler.

Augen: Die Augen der Braunmarder sind braun und leicht rot durchleuchtend. Die Augen der Blaumarder sind graublau, je nach Lichteinfall rötlich durchleuchtend.

Krallen: Die Krallen sind bei den Braunmardern dunkelhornfarbig, bei den Blaumardern hornfarbig.

Abzeichen: Über den Rücken soll sich ein 8 bis 10 cm breiter dunkler Streifen hinziehen, der seitlich nicht scharf abgegrenzt ist. Die Maske ist dunkel und verläuft, jedoch nicht scharf abgegrenzt, etwa in Augenhöhe aus.

Unterfarbe: Die Unterfarbe ist bläulich; sie passt sich der Deckfarbe an und ist an den helleren Körperstellen heller, im Bereich der Abzeichen dunkler.

L. F.: Deckfarbe etwas dunkel; fleckige Deckfarbe; leichte Durchsetzung mit weißen Haaren; unvollständiger Rückenstreifen; große, über die Augenhöhe reichende Maske; schwache, verschwommene Abzeichen; unreine, durchsetzte Unterfarbe.

1,0 Große Marderkaninchen, blau

S. F.: Ganz dunkle Deckfarbe; starker Rost; stark weiß durchsetzte Deckfarbe; sichtbare weiße Flecken; andere als die vorgeschriebene Augenfarbe; zweierlei oder weiße Krallen; gänzlich dunkler Kopf und Ohren; Fehlen der dunklen Abzeichen; stark unreine oder weiße Unterfarbe.

Allgemeines

Die Rasse ist als züchterisch schwierig einzustufen, weil die Ausstellungstypen spalterbig sind. Aus der Paarung zweier typischer Ausstellungsmarder fallen neben etwa 50 % Typenmardem auch noch etwa 25 % fast schwarze Dunkelmarder und etwa 25 % Russen oder Albinos. Dennoch ist die Rasse sicherlich eine Aufgabe, an der ein Züchter zeigen kann, wie gut er ist, weil hier doch viel Fingerspitzengefühl und Pioniergeist erforderlich sind.

Kalifornier (Kal)

Zuchtziel

Die guten Nutzeigenschaften werden in dem gedrungenen, breiten Masttyp deutlich. Die Rasse eignet sich bedingt für Ausstellungszwecke; dies beweisen die großen Schauen bis heute. Die Tiere werden vorwiegend zur Erzeugung von Jungmastkaninchen und als Ausgangsrasse für Gebrauchskreuzungen in den Großmästereien gehalten.

Geschichtliches

Die Kalifornier kommen aus Kalifornien und wurden als ausgesprochene Wirtschaftsrasse seit 1923 erzüchtet. Ihre Ahnen sollen Russen, Chinchillakaninchen und Weiße Neuseeländer sein. Die ersten Tiere wurden 1928 ausgestellt; 1939 erfolgte ihre Aufnahme in den amerikanischen Standard. Nach dem Zweiten Weltkrieg fanden die Kalifornier Verbreitung auch in Europa. Der Kreis der Züchter, der sie unter Gesichtspunkten der Ausstellungs- und Rassekaninchenzucht bearbeitet, ist klein geblieben.

Körperform, Typ, Bau, Stellung, Fellhaar

Gewicht: 3 bis 4 kg, Normalgewicht über 4 kg, Höchstgewicht 5 kg.
Form, Stellung: Gedrungen. Der reichliche Fleischbesatz muss sich dem Betrachter aufdrängen.
L. F.: Leichte Abweichungen in der Körperform.
Kopf: Kurz, kräftig, breite Stirn.
L. F.: Schmaler Kopf.
Ohren: Dem gedrungenen Körper entsprechend kurz, im Gewebe stark, voll abgerundet und gut behaart.

Rumpf: Schulter, Rücken und Hinterkörper gleich breit und stark bemuskelt, Hinterpartie gut gerundet. Nacken und Hals treten nicht in Erscheinung.
L. F.: Langer Hals.
Rücken: Sehr breit, Rückenlinie leicht gewölbt, geht ansatzlos in den gut gerundeten Hinterkörper über.
Blume: Kurz, straff am Hinterkörper anliegend.
Läufe: Kräftig, breit gestellt.
Fellhaar: Mittellang, mit reichlicher Unterwolle versehen, gut begrannt.

Häsin: Möglichst wammenfrei, doch ist eine kleine, gut geformte Wamme zugelassen.
L. F.: Kleinere Wamme bei jungen, größere Wamme bei älteren Tieren.

Farbe und Zeichnung

Zugelassen sind die Farbenschläge **Schwarz-Weiß, Havannafarbig-Weiß** und **Blau-Weiß**. Die Grundfarbe ist reinweiß. Anflug von Gelb oder Grau ist verpönt. Farbig sind Maske, Ohren, Vorderläufe, Hinterläufe und Blume. Die Zeichnungsfarbe soll möglichst intensiv und rein sein. Die Augen sind blassrot, die Krallen dunkelhornfarbig.
L. F.: Leicht weiß durchsetzte oder etwas unreine Zeichnungsfarbe; kleiner Zeichnungsfleck an der Kehle oder auf der Wamme.

1,0 Kalifornier

S. F.: Weiße Flecken in der Zeichnungsfarbe, schwarze Flecken in der Grundfarbe (ausgenommen ein kleiner Fleck an Kehle oder Wamme); stark durchsetzte Zeichnungsfarbe mit weißen Haaren; starker Rost in der Zeichnungsfarbe.
Die gut abgerundete Maske von länglich runder, ovaler Form bedeckt die Nase, reicht seitlich bis zum Oberkiefer und darf auch den Unterkiefer einfassen. Sie soll nicht zu groß und symmetrisch sein und nicht über die Augen reichen. Die Ohrenzeichnung ist an der Wurzel möglichst scharf abgegrenzt. Die Vorderläufe sind farbig bis übers Ellenbogengelenk, die Hinterläufe sind es bis übers Sprunggelenk. Die Blume ist farbig von der Wurzel bis zur Spitze.
L. F.: Ungleichmäßige Maske, etwas Augenrandanflug, nicht scharf abgegrenzte Ohrenansätze.
S. F.: Zu große Maske, starke Augenringe.

Allgemeines
Nach dem großen Aufsehen, das die Rasse bei ihrem Erscheinen erregte, ist es um sie still geworden. Schönheitszüchter wissen, dass die dunklen Abzeichen an Läufen und Blume nur schwer zu erreichen sind und ihre Farbintensität nur von kurzer Dauer ist. Allen denen aber, die sich für die Mastkaninchenzucht interessieren, kann das Kalifornier-Kaninchen bestens empfohlen werden, sowohl was seine Fruchtbarkeit anbelangt als auch was seine Mastfähigkeit betrifft.

Japaner (J)

Zuchtziel
Das Zuchtziel ist ein mittelgroßes Kaninchen, das nach Möglichkeit über eine Schachbrettmusterzeichnung verfügen sollte, das heißt, schwarze und gelbe bzw. schwarz und gelb geblümte Farbfelder sollten versetzt und gut abgegrenzt auftreten. Angestrebt wird auch der sogenannte Spaltkopf mit einer schwarzen und einer gelben Gesichtshälfte und entsprechend versetzter Ohren- und Brusthälftenfärbung. Natürlich sind solche Typen auch heute noch der Ausnahmefall. Daher toleriert der Standard auch Tiere, die von diesem hohen Zuchtziel noch abweichen.

Geschichtliches
Ihr Name sollte die Rasse mit dem Flair der Exotik umgeben; mit Japan hat sie natürlich nichts zu tun. Die ersten Japaner wurden Ende der 1880er-Jahre auf der Weltausstellung in Paris gezeigt. Um die Jahrhundertwende gelangten einige Exemplare über England zu uns. Meinungsverschiedenheiten unter den Züchtern über die „ideale“ Zeichnung und Farbe hemmten lange Zeit eine größere Verbreitung der Rasse. Erst als 1911 beschlossen wurde, die weiße Bauchfarbe nicht auszuschließen, ging es aufwärts. Eine kleine, engagierte Gruppe von Züchtern arbeitet intensiv an der

Rasse – eine Arbeit, die durch deutliche Verbesserung der Tiere auch ihre Früchte zeigt. Hauptproblembereiche in der Zucht sind neben Farbe und Zeichnung auch die oft eher mäßigen Körperformen und das sehr dünne Fell.

Körperform, Typ, Bau, Stellung, Fellhaar

Gewicht: 2,75 bis 3,75 kg, Normalgewicht über 3,75 kg, Höchstgewicht 4,5 kg.
Form, Stellung: Eher gedrungen als gestreckt, mittelhohe Stellung. Gewünscht wird der Eindruck eines wohlproportionierten, fleischigen Kaninchens.
Kopf: Kräftig, mit breiter Stirn und gefüllten Backen.
Ohren: Entsprechend der Körpergröße, V-förmig getragen, fleischig, gut behaart.
Rumpf: Walzenförmig, das heißt vorne und hinten, auch von oben betrachtet, gleich breit, Brust und gut gerundete Hinterpartie breit, ohne sichtbaren Hals.
Rücken: Breit, Rückenlinie ebenmäßig, Hinterpartie gut gerundet.
Läufe: Mittellang, kräftig, weder fein- noch grobknochig.
Fellhaar: Mit etwa 3 cm mittellang, mit dichter Unterwolle und feiner, gleichmäßiger Begrannung. Denn nur auf einem guten Fell tritt das Zeichnungsbild klar in Erscheinung.
Häsin: In allen Merkmalen etwas feiner gebaut als der Rammler, der Kopf ist zierlicher; Wammenfreiheit ist erwünscht, doch ist eine kleine, wohlgeformte Wamme bei älteren Häsinnen kein Fehler.

1,0 Japaner

Farbe und Zeichnung

Für die Kopf- und Ohrenzeichnung gilt als Ideal ein Spaltkopf mit kreuzweise versetzter gelbroter und schwarzer Färbung. Als Rumpfzeichnung wird eine Streifenzeichnung gefordert, durchgehend, oder besser auf der Rückenmitte ein Schachbrettmuster bildend, gegeneinander versetzt. Es müssen mindestens drei Farbfelder auf jeder Seite vorhanden sein. Die Farbverteilung von Brust und Vorderläufen soll entsprechend der von Kopf und Ohren ebenfalls kreuzweise geteilt und gegeneinander versetzt sein.

L. F: Nicht kreuzweise geteilte, gefleckte oder geblümte Kopf- und Ohrenzeichnung; große Farbfelder am Rumpf.

S. F.: Völlig durchsetzte, verschwommene Farbfelder; weniger als drei Farbfelder auf einer Seite.

Beide Zeichnungsfarben sollen sich, möglichst rein in den Farbfeldern, kontrastreich voneinander abheben. Die gelbe Farbe darf variieren, jedoch ist eine intensive Farbe vorzuziehen. Am Bauch und der Innenseite der Läufe sind weiße Stellen gestattet. Die Augen sind braun, die Krallen sind dunkel- bis hellhornfarbig.

L. F.: Unreine, durchsetzte Farben.

S. F.: Weiße Flecken an sichtbaren Körperstellen; weiße Abzeichen an Nase und Zehen.

Allgemeines

Züchterisch sind die Japaner neben den spalterbigen Punktschecken sicherlich die schwierigste Rasse. Insbesondere über die Gesetzmäßigkeiten der Vererbung des Zeichnungsmusters und der Farbverteilung ist noch wenig bekannt. Das spricht für viele verschiedene beteiligte Gene mit unterschiedlicher Wirkungsweise. Eine genetische Festigung der Zuchtstämme wird sich nur durch gezielte Inzucht und durch lange, geduldige Züchterarbeit erreichen lassen. Wer Spaß am Experimentieren hat und die Rassekaninchenzucht in erster Linie aus Freude am Tier betreibt, sollte unbedingt die Japanerzucht ins Auge fassen, denn die ist etwas für Tüftler. Mittlerweile gibt es eine ganze Reihe anderer Kaninchenrassen, auf die die Japanerfarbe übertragen wurde.

Rheinische Schecken (RhSch)

Zuchtziel

Die Rheinische Schecke ist eines unserer schönsten und am schwierigsten zu züchtende Kaninchenrasse. Das Augenmerk des Züchters sollte sich vor allem auf Intensität und Reinheit der Farben Schwarz und Gelb (bis Orange) richten, ebenso auf eine reinweiße Grundfarbe. Typ und namentlich Größe sollen einheitlich sein, da vor nicht allzu langer Zeit noch von einigen Landesverbänden ganz unterschiedlich entweder größere oder kleinere Tiere bevorzugt worden waren. Die Leistungsmerkmale, die Fellqualität eingeschlossen, gilt es weiter zu verbessern.

Geschichtliches

Josef Heintz, Grevenbroich, Japaner-Züchter, kreuzte eines Tages im Jahre 1901 einen seiner Japaner-Rammler mit einer grau-weiß gescheckten Kreuzungshäsin eines Nachbarn in der Hoffnung, die häufig großflächigen Holländerabzeichen seiner Japaner zu reduzieren. Der Wurf bescherte ihm u. a. eine dreifarbige Häsin, deren Holländerabzeichen schwarz und gelb durchbrochen waren. Sie wurde die Stammmutter der Rheinischen Schecken. Als „Heintz'sche Schecke" wurde sie in der ganzen Gegend schlagartig bekannt. 1905 wurde die Rasse anerkannt. Um 1910 schätzte man den Rassebestand auf etwa 2000 Tiere. Die bekannten Zuchtschwierigkeiten, der Wirtschaftsrassenrummel und der Zweite Weltkrieg dezimierten die Bestände bis auf kleine Reste.

Die Rasse besitzt heute einen überraschend großen und sehr fähigen Kreis von Züchtern. Merkmale wie Form und Fell wurden in den letzten Jahren nachhaltig verbessert und auch die Zeichnung der meisten Tiere kann sich durchaus sehen lassen.

Körperform, Typ, Bau, Stellung, Fellhaar

Gewicht: 2,75 bis 3,75 kg, Normalgewicht 3,75 kg und mehr, Höchstgewicht 4,5 kg.
Form, Stellung: Der Körper ist leicht gestreckt, walzenförmig und mittelhoch gestellt.
Kopf: Kurz, kräftig, Stirn und Schnauze breit, Backenpartie gut entwickelt, Nasenrücken leicht geramst.
Ohren: Straff aufgerichtet, fleischig, gut behaart, Länge dem Körper entsprechend.
Rumpf: Breit, walzenförmig, Seiten gut gefüllt, Bauchlinie gut aufgezogen.
Rücken: Hinterpartie gut gerundet, Rückenlinie ebenmäßig.
Läufe: Mittellang, kräftig.
Fellhaar: Unterwolle dicht, Begrannung gleichmäßig, doch nicht zu lang, Fellhaar mit etwa 3 cm mittellang.

Häsin: Im Ganzen etwas feiner gebaut als der Rammler und möglichst wammenfrei. Bei älteren Häsinnen ist eine kleine, gut geformte Wamme gestattet.

Farbe und Zeichnung

Die Grundfarbe in Deck- und Unterfarbe ist reinweiß. Die Zeichnungsfarben Schwarz und Gelb sollen (ohne Grauzonen) rein und nicht mit andersfarbigen Haaren durchsetzt sein. Die Merkmale der Kopfzeichnung und der Rumpfzeichnung müssen die Farben Schwarz und Gelb besitzen. Die Augen sind braun, die Krallen sind pigmentlos (weiß).

L. F.: Vorherrschen einer Zeichnungsfarbe in der Kopf- und Rumpfzeichung; gelblicher Anflug in der Grundfarbe; unreine oder mit weißen Haaren leicht durchsetzte Zeichnungsfarbe; eine einzelne farbige Kralle.

S. F.: Fehlen einer Zeichnungsfarbe jeweils im Schmetterling, in den Augenringen oder an einem Ohr; Fehlen einer Zeichnungsfarbe jeweils im Aalstrich oder an einer Seite; stark unreine, mit weißen Haaren durchsetzte Zeichnung; Fehlen eines Zeichnungsmerkmals; mehr als eine farbige Kralle.

Man unterscheidet Kopfzeichnung und Rumpfzeichnung.

Die **Kopfzeichnung** besteht aus dem Schmetterling, den Augenringen, den Backenpunkten und der Ohrenzeichnung. Der Schmetterling soll gut ausgeprägt sein, das

1,0 Rheinische Schecken

heißt, er soll sich wie mit vollen Flügeln beidseitig bogenförmig bis über die Mundwinkel erstrecken und den Unterkiefer seitlich schmal einfassen. Auf der Mitte des Nasenrückens befindet sich, leicht gerundet, der Dorn.
L. F.: Gezackter Schmetterling; unschöner, etwas schiefer Dorn; fleischfarbener Lippenspalt; schwache seitliche Unterkiefereinfassung.
S. F.: Unvollständiger Schmetterling; fehlender Dorn; große Zacken in den Schmetterlingsflügeln; gänzlich fehlende seitliche Unterkiefereinfassung; am Unterkiefer geschlossener Schmetterling; weiße Nasenspitze, weißer Lippenspalt, weiße Flecken im Schmetterling.
Die Augenringe sind möglichst geschlossen und gleichmäßig breit. Kein Fehler ist die oben am Augenring vorhandene kleine Zacke. Die Backenpunkte stehen frei unter den Augenringen, sie sind rund oder oval geformt. Die Ohrenzeichnung ist an der Ohrenwurzel übergangslos abgegrenzt; ein kleiner Ausläufer der Ohrenzeichnung in der Stirnmitte bleibt unberücksichtigt.
L. F.: Ungleichmäßige, grobe Augenringe; unreiner Ohrenansatz, unreiner Kopf (Spritzer).
S. F.: Nicht geschlossener Augenring; Zusammenhängen von Augenringen mit dem Schmetterling oder der Ohrenzeichnung; weiße Flecken im Augenring; ein- oder beidseitig anhängender Backenpunkt; Fehlen eines oder beider Backenpunkte; ein- oder beidseitig doppelter Backenpunkt; größere Flecken in der Ohrenfarbe.
Die **Rumpfzeichnung** wird gebildet vom Aalstrich und der Seitenzeichnung. Der Aalstrich zieht sich wie ein Pinselstrich scharf begrenzt und etwa 3 cm gleichmäßig breit vom Genick bis zur Blumenspitze über den Rückenfirst hinweg.
L. F.: Gezackter oder ungleichmäßiger Aalstrich; breiter oder schmaler Aalstrich; Unterbrechung des Aalstrichs vom Genick bis zu den Schulterblättern bzw. vom Ansatz der Blume bis zur hoch gelegten Blumenspitze.
S. F.: Unterbrechung des Aalstrichs zwischen den Schulterblättern und der hoch gelegten Blumenspitze.
Die Seitenzeichnung wird gebildet von nicht zu großen, frei stehenden Flecken (Durchmesser etwa 3 cm). Auf jeder Körperseite gelten etwa sechs bis acht Seitenflecken als ideal. Sie sollten möglichst gleichmäßig verteilt sein. Bei der Bewertung werden nicht berücksichtigt etwa vorhandene Flecken an Brust, Bauch, Läufen und Unterseite der Blume.
L. F.: Am Aalstrich leicht anhängende Seitenzeichnung; schwache, volle oder ungleichmäßige Seitenzeichnung; Anlage zur Kettenzeichnung (ein ein- oder beidseitig am Körper frei stehender Kettenpunkt); Genickpunkte, die vom Aalstrich weniger als 2 cm entfernt sind, gelten nicht als Kettenpunkte; kleine weiße Flecken in den Seitenzeichnungsflecken.
S. F.: Stark zusammenhängende Seitenzeichnung mit dem Aalstrich; Sattel- oder Mantelzeichnung; mehr als ein frei stehender Kettenpunkt auf einer Seite; weniger als drei Seitenflecken auf einer Seite.

Allgemeines

Die Rheinische Schecke ist eine Rasse, der man sich meist um der Kunst des Züchtens willens zuwendet. Zeichnungsanlagen und Dreifarbigkeit bedingen die Schwierigkeit der Zucht. Es gilt als Glücksfall, wenn in einem Wurf einige wenige brauchbare Tiere fallen; doch tröstet ein wirklich gutes Tier über jahrelange Enttäuschungen hinweg. Die Rasse verfügt über einen recht konstanten Züchterkreis. Sie ist vital, robust und wirtschaftlich. Insbesondere gilt es nun, da die Rasse in Bezug auf Form und Fell in den letzten Jahren deutlich verbessert wurde, die Rumpfzeichnung zu verbessern. Bei vielen Tieren stehen die Seitenflecken oft nicht genügend frei, sondern laufen ineinander. Stehen die Seitenflecken jedoch schön frei, so ist dann oft der Aalstrich zu bemängeln, weil dieser recht schmal wird. Doch Geduld und züchterisches Können zahlen sich aus, wie der beachtliche Qualitätsstand in einer ganzen Reihe langjährig erfolgreicher Spitzenzuchten bei dieser Rasse beweist.
Eine Verpaarung zweier Typenschecken ist aus Tierschutzgründen nicht mehr statthaft, weil daraus nach Mendel 25 % sogenannte Weißschecken fallen, die nicht lebensfähig sind und spätestens kurz vor Erreichen der Geschlechtsreife verenden. Näheres zu den weiteren seit 2015 in Kraft getretenen Bestimmungen finden Sie auf Seite 22.

Thüringer (Th)

Zuchtziel

Gewünscht wird ein kurzes, gedrungenes Tier mit starkem Kopf und kurzen, fleischigen Ohren in der klassischen Gelb-Nichtwildfarbe. Viele Thüringer zeigen außerordentliche Frohwüchsigkeit. Idealtiere dunkeln auch beim Altern kaum nach.

Geschichtliches

Der Bürgerschullehrer David Gärtner aus Waltershausen/Thüringen begann in den 1890er-Jahren, den Wirtschaftswert von Schwarzsilber- und Russenkaninchen mithilfe eines grauen Lothringer-Riesen-Rammlers zu erhöhen. 1896 hatte er 7- bis 9-pfündige Tiere mit ausgesprochenem Widdertyp. Anlässlich der Drachenfelsschau 1900 bei Leipzig stellte er seine Großsilber und Großrussen aus; sie wurden abgelehnt. Wenig später entdeckte Gärtner in einem Wurf ein „gemsfarbiges“ Tier: Die „Thüringer Gemse“, das „Chamois-Kaninchen“, war geboren. 1900 gründete Gärtner einen Zuchtverein; er wurde 1905 durch den von Emil Piegsa gegründeten 1. Chamois-Rasseklub ersetzt.
Den Thüringern blieb lange Zeit eine gediegene Förderung versagt. Der Status einer Wirtschaftsrasse wurde ihnen aberkannt, noch 1953 galten sie als vielfach unbekannt. Heute rangieren die Thüringer in der Nähe der Spitzenrassen. Leider ist die Bewertung auch heute noch recht uneinheitlich. Obwohl der Standard eindeutig

einen mittleren Farbenschlag bevorzugt, gibt es noch Züchter und Preisrichter, die den dunklen vorziehen, obwohl seine Tiere in der Regel so stark nachdunkeln, dass keine differenzierten Abzeichen mehr erkennbar sind. Außerdem tendieren diese reichlich dunklen Tiere recht häufig zu bläulicher Rückenunterfarbe.

Körperform, Typ, Bau, Stellung, Fellhaar

Gewicht: 2,5 bis 3,5 kg, Normalgewicht 3,5 kg und mehr, Höchstgewicht 4,25 kg.
Form, Stellung: Körper breit, gedrungen, bemuskelt, Stellung gut mittelhoch.
Kopf: Kurz, breit, Schnauzpartie gut entwickelt.
Ohren: Straff aufrecht getragen, fleischig, gut behaart, oben gut abgerundet, Länge dem Körper entsprechend.
Rumpf: Breit, walzenförmig, Brust und Hinterpartie gleichmäßig breit, Flanken gut gefüllt; Hals und Nacken treten kaum in Erscheinung.
Rücken: Hinterpartie schön abgerundet, Rückenlinie geschwungen.
Läufe: Mittellang, kräftig.
Fellhaar: Etwa 3 cm lang, Unterwolle äußerst dicht, Begrannung gleichmäßig, jedoch nicht zu grob.

1,0 Thüringer

Häsin: Insgesamt etwas feiner als der Rammler, Kopf schnittiger, keineswegs aber spitz. Möglichst wammenfrei. Bei älteren Häsinnen ist eine kleine, gut geformte Wamme zulässig.

Farbe

Die Deckfarbe wird sattgelbbraun gewünscht. Über das Deckhaar breitet sich dunkelbraun gespitztes Grannenhaar wie ein rußartiger Schleier. Die Bauchfarbe ist rußartig dunkel. Leichte Abweichungen der Deckfarbe nach Hell oder Dunkel sind gestattet, doch sind Tiere mit der mittleren Farbe vorzuziehen.
L. F.: Leichte Durchsetzung der Deckfarbe mit weißen Haaren; schwacher Rußanflug.
S. F.: Gänzlich dunkler Kopf; starke Durchsetzung mit weißen Haaren; sichtbare weiße Flecken in der Deckfarbe; fehlender Rußanflug auf dem Rücken.

Abzeichen

Die möglichst symmetrische Maske auf dem Nasenrücken, die nicht über die Augenhöhe reichen darf, ist rußartig, jedoch nicht scharf abgegrenzt. Dunkelrußfarbig und ebenfalls nicht scharf abgegrenzt sind Ohren und Läufe. Die Augen sind dunkel eingefasst, dunkel sind die Kinnbacken. Die dunkle Blume läuft in einer hellen Spitze aus. An den Seiten zieht sich bis zu den Hinterschenkeln ein breiter, rußartiger Streifen; er ist für Ausstellungs- und Zuchttiere umso wertvoller, je deutlicher er in Erscheinung tritt. Er sollte jedoch nicht schwarz sein. Die Augen sind braun, die Krallen dunkelhornfarbig.
L. F.: Unklare, verwaschene Abzeichen; etwas dunkler Kopf.
S. F.: Fehlende Abzeichen.
Die Unterfarbe ist auf dem Rücken kräftig gelbrot, rein und soll tief bis zum Haarboden reichen. Sie ist an den dunklen Körperstellen cremefarben.
L. F.: Schmale oder unreine, leicht durchsetzte Unterfarbe.
S. F.: Blaue Unterfarbe auf dem Rücken; stark durchsetzte Unterfarbe.

Allgemeines

Das Thüringer Kaninchen ist in hohem Maße wirtschaftlich, vor allem aber robust und frühreif. Es besitzt – nicht zuletzt durch die Farbe und die Abzeichen – eine Reihe interessanter Rasseeigentümlichkeiten. Das Fell liefert unveredelt hervorragendes Pelzwerk. Die Farbe unterliegt den Einflüssen der Temperatur analog zur Kälteschwärzung des Russenkaninchens. Das Fell wird bei wechselnder Witterung relativ schnell fleckig, mit dem Altern dunkeln die Tiere oft deutlich nach. Sie verlieren dann wohl an Ausstellungs-, nicht aber an Zuchtwert. Ein verlässliches Urteil über ein Thüringerkaninchen gestattet nur ein völlig durchgehaartes Fell.
Die Thüringerfarbe, die genetisch gesehen ein Gelb ohne Wildfaktor ist, wurde mittlerweile auf sehr viele andere Kaninchenrassen genetisch übertragen.

Weißgrannen (WG)

Zuchtziel

Zuchtziel ist ein gedrungenes, walzenförmiges Kaninchen mit der Weißgrannenfärbung, die genetisch eine Kombination von Chinchilla- und Lohfaktor darstellt.

Geschichtliches

Weißgrannenkaninchen waren als Silberfuchsersatz in den 1920er- und 1930er-Jahren in Europa bekannt geworden. Die heutigen Tiere sind Nachfahren eines Überraschungserfolgs der Züchterin Käthe Geißler, Bad Klosterlausnitz/Thüringen, die im Mai 1949 in einem KlCh-Wurf ein völlig schwarzes Jungtier-Paar vorfand, das sich im Laufe seiner Entwicklung mit weißen Lohabzeichen und einer schönen weißen Begrannung präsentierte. Beide wurden die Stammeltern der Rasse.
Die ersten Tiere stellte Käthe Geißler 1951 in Gera der Öffentlichkeit vor. Anlässlich der DDR-Schau 1952 erhielten bereits acht von neun Tieren die Note „brauchbar“. Von da an wurde die Rasse mehrmals nach Westdeutschland eingeführt. 1962 in Hannover erfolgte ihre Anerkennung durch die Standardkommissionen von Ost und West. Unglücklicherweise wurden zwischendurch Silberkaninchen eingekreuzt, um zu einer gleichmäßigen Verteilung der weißen Grannenspitzen im gesamten Fell zu kommen. Als man merkte, dass das genetisch nicht machbar war, stellte man den Standard wieder um auf ungesilberte Tiere. Die Rasse besitzt inzwischen einen Stammplatz auf unseren Schauen.

Körperform, Typ, Bau, Stellung, Fellhaar

Gewicht: 2,5 bis 3,5 kg, Normalgewicht 3,5 kg und mehr, Höchstgewicht 4,25 kg.
Form, Stellung: Gewünscht werden eine gedrungene Form und eine mittelhohe Stellung.
Kopf: Kurz, Stirn- und Schnauzpartie breit, Backen voll entwickelt.
Ohren: In der Länge harmonisch zum Körper passend, straff aufgerichtet getragen, fleischig, löffelförmig abgerundet, gut behaart.
Rumpf: Walzenförmig, Brust breit, Hinterpartie voll und gut gerundet, Hals und Nacken wenig sichtbar.
Rücken: Rückenlinie ebenmäßig.
Läufe: Mittellang, kräftig.
Fellhaar: Mittellang, mit dichter Unterwolle, am gesamten Körper gleichmäßig begrannt; die Grannen sind gleichmäßig lang.
L. F.: Schwache Begrannung.

Häsin: Sie besitzt insgesamt einen etwas feineren Körperbau; sie soll möglichst keine Wamme haben. Bei älteren Häsinnen ist eine kleine, gut geformte Wamme zulässig.

Farbe und Zeichnung

Anerkannt sind die Farbenschläge **Schwarz, Blau** und **Havannafarbig**.
Die **Deckfarbe** des gesamten Oberkörpers, auch von Kopf, Ohren und Läufen, ist intensiv und tief glänzend. Bauchdecke, Innenseiten der Läufe und Unterseite der Blume sind weiß, dunkel getönt sind die Schoßflecken am Bauch. Die Augen sind bei den Farbenschlägen Schwarz und Havannafarbig dunkelbraun, bei den Blauen blaugrau. Die Krallen sind bei allen Farbenschlägen dunkel.

L. F.: Mit weißen Haaren durchsetzte Deckfarbe an Oberkörper, Kopf und Ohren; leichter Rostanflug.
S. F.: Stark durchsetzte Deckfarbe am Oberkörper (Silberung); sichtbare weiße Büschel in der Deckfarbe; starker Rost.

Als **Abzeichen** gelten – klar abgegrenzt – die weiß eingefassten Nasenlöcher, die weißen Augenringe, die weiße Einfassung der Kinnbacken und Ohren sowie die weißen Flecken vorne am Ohrenansatz. Der silbergraue bis weiße Keil im Nacken soll nicht zu groß sein, die Innenseiten der Hinterläufe sind weiß, die Zehen der Vorderläufe heben sich als helle bis weiße Punkte von der dunklen Deckfarbe ab. Möglichst bis zur Rumpfmitte reichen lange, weiß gespitzte Grannenhaare an den Seiten hoch; sie sollen das Deckhaar deutlich überragen und gleichmäßig verteilt

0,1 Weißgrannen, havannafarbig

0,1 Weißgrannen, schwarz

0,1 Weißgrannen, blau

sein. Je ausgeprägter die langen, weiß gespitzten Grannen in Erscheinung treten, desto wertvoller ist das Tier.
L. F: Ungleichmäßige Verteilung der weißen Grannenspitzen, schwache Einfassung der Nasenlöcher, melierte Schnauze, ungleichmäßig geformte Augenringe, schwache Kinnbackeneinfassung.
S. F: Insgesamt zu schwach ausgeprägte Abzeichen, fehlende Augenringe oder Ohreneinfassung.
Die **Unterfarbe** ist bei allen Farbenschlägen blau bis dunkelblau und rein, auch die Bauchunterfarbe.
L. F.: Helle oder durchsetzte Unterfarbe.
S. F.: Völliges Fehlen der Bauchunterfarbe.

Allgemeines

Die Rasse ist vital, frohwüchsig und futterdankbar. Unter ihren Freunden gilt sie als eines der schönsten Farbenkaninchen. Pelzwaren aus Weißgrannen-Fellen in Natur sind eine Augenweide. Im Alter von zwölf bis 14 Wochen ist die Qualität der Abzeichen teilweise bereits recht gut zu erkennen – als brauner Schimmer übrigens auch Rost, der oft jedoch nur durch direkte Sonneneinstrahlung verursacht wird.

Hasenkaninchen (Ha)

Zuchtziel

Angestrebt wird die extreme Schlankform, optisch unterstützt durch die hohe, feldhasenähnliche Stellung und das sehr kurze Fell. Als Idealfarbe gilt eine rotbraune, kräftig schattierte Wildfarbe mit lohfarbigen Wildfarbigkeitsabzeichen, nach eben dieser Rasse auch „Hasenfarbe“ genannt. Darüber hinaus sind Hasenkaninchen in Weiß (RA = Rotaugen) und in Schwarzlohfarbig anerkannt. Die Rasse ist extrem wirtschaftlich, vital und lebhaft.

Geschichtliches

Die Heimat der Rasse ist Belgien. Doch waren es englische Züchter, die den heutigen Typ des Hasenkaninchens erzüchteten. Dank seiner Verbindungen gelang es Dr. E. Poppe, dem Herausgeber der einstigen Zeitschrift „Leipziger Kaninchenzüchter“, erste Importe zu veranlassen, denn die Rasse bedeutete in Europa und in den USA eine Sensation. Anlässlich der Leipziger Weltschau im Jahre 1900 erregten einige ausgestellte Tiere Aufsehen. Die Gründung zahlreicher Klubs war die Folge. Der bekannteste war wohl „Der alte Dessauer“ mit seinem ehemaligen Vorsitzenden Heinrich Hansen. Heute ist die Rasse zumindest in ihren Hochburgen eine der besten überhaupt. Lediglich hoch stehende Hüftknochen stören hier manchmal noch das positive Bild.

Körperform, Typ, Bau, Stellung, Fellhaar

Gewicht: 2,5 bis 3,5 kg, Normalgewicht 3,5 kg und mehr, Höchstgewicht 4,25 kg.

Form, Stellung: Lang gestreckt, schnittig, extrem hoch gestellt. Ein Bauch tritt kaum in Erscheinung.

L. F: Etwas tiefe Stellung.

S. F.: Plumper, massiger Körperbau; stark eingefallene Weichen.

Kopf: Markant, länglich, doch edel geformt, der Hals tritt im Gegensatz zu anderen Rassen deutlich in Erscheinung.

L. F: Kurzer, runder Kopf.

Ohren: In der Länge dem Hasentyp entsprechend, nicht zu kurz, gut aufgesetzt, sehr beweglich, dünnfleischig und gut behaart.

L. F.: Kurze, fleischige Ohren.

Rumpf: Schlank, elegant, mit frei und hoch getragener Brust und einer feinen Halspartie; die Lendenpartie ist schön abgerundet.

Rücken: Fein gewölbt.

0,1 Hasenkaninchen, schwarzlohfarbig

Blume: Gerade, etwas länger als bei den übrigen Rassen, am Hinterkörper gut anliegend getragen. Da die Rasse sehr lebhaft ist, gilt eine hin und her schlagende Blume nicht als Fehler.
Vorderläufe: Fein, recht lang (18 bis 21 cm), gerade aufgesetzt.
L. F.: Etwas kurze oder starke Läufe; Durchtreten der Läufe.
S. F.: Zu kurze oder zu grobe Läufe; starkes Durchtreten.
Hinterläufe: Ebenfalls lang und schmal, parallel zum Körper.
Fellhaar: Knapp mittellang und reichlich begrannt, gute Dichte.

Häsin: Zierlicher und feinknochiger als der Rammler: Kopf deutlich schnittiger, Läufe edler, möglichst wammenfrei.
L. F.: Wammenansatz.
S. F.: Wamme.

Farbe

Anerkannt sind die Farbenschläge **Rotbraun (Hasenfarbig), Schwarzlohfarbig** und **Weiß Rotaugen (RA).**

Das Fell der Hasenkaninchen Weiß Rotaugen soll am ganzen Körper weiß sein; die Augen sind blassrot, die Krallen sind farblos.

Die **Deckfarbe** der Hasenkaninchen Rotbraun wird kräftig rotbraun und leuchtend verlangt und soll bis auf die Flanken herabreichen. Die Farbe von Brust und Vorderläufen soll mit der Deckfarbe identisch sein, jedoch ohne Schattierung. Dagegen soll die flockige Schattierung auf dem Rücken besonders auffallend in Erscheinung treten. Die Schattierung entsteht durch das büschelweise Zusammenstehen schwarz gespitzter Grannenhaare. Die Oberseite der Blume ist schwarz, kräftig rotbraun schattiert. Kinn, Bauchfarbe und Unterseite der Blume sind lohfarbig getönt, die Ohren lackschwarz gerändert. Die Augen sind dunkelbraun, die Krallen sind schwarzbraun.
L. F.: Wenig Schattierung; etwas helle Seiten und Schenkel; leichte Durchsetzung der Deckfarbe mit weißen Haaren; schwach geränderte Ohren; sehr helle Kinnbackeneinfassung; sehr helle Hinterläufe; weiße Unterseite der Blume.
S. F: Sandgelbe oder graue Seiten; stark durchsetzte Deckfarbe; sichtbar weiße Flecken in der Deckfarbe; gänzlich fehlende Schattierung.

Die **Zwischenfarbe** ist breit und leuchtend orangerot bis rostbraun. Die nicht zu breite **Unterfarbe** (sie erfasst etwa ein Drittel der Haarlänge) ist blau. Die Bauchunterfarbe ist sattlohfarbig, lediglich auf der Brust und im Schoß soll sie blau sein.
L. F.: Etwas helle oder durchsetzte Unterfarbe; schwache Bauchunterfarbe im Brust- und Schoßbereich.

S. F.: Fehlende Zwischenfarbe; stark unreine, verwaschene Unterfarbe; fehlende Unterfarbe im Brust- und Schoßbereich.

Die Zeichnung und Farbe der schwarzlohfarbigen Hasenkaninchen entspricht der der Schwarzloh.

Kopfzeichnung

Die Nasenlöcher sind scharf abgegrenzt und gut lohfarbig eingefasst. Die Kinnbackeneinfassung ist, ebenfalls scharf von der Deckfarbe getrennt, klar lohfarbig und reicht bis zum Genick. Die Augenringe sind nicht zu breit, gut geschlossen und intensiv lohfarbig. Die Ohren sollen eng, aber kräftig lohfarbig umrandet sein; ausgeprägt lohfarbig sind zwei Flecken vorne am Ohrenansatz.

1,0 Hasenkaninchen, rotbraun

L. F.: Schwache Einfassung der Nasenlöcher; melierte Schnauze; leichte Unterbrechung der Augenringe; ungleichmäßig geformte Augenringe; schwache Kinnbackeneinfassung; nicht durchgehende Kinnbackeneinfassung; weiße Spürhaare; schwach geränderte Ohren.
S. F.: Stark lohfarbige Schnauze.

Rumpfzeichnung

Sie ist gleichfalls kräftig lohfarbig und klar von der Deckfarbe abgegrenzt. Die breite Brustzeichnung beginnt am Kinn, zieht sich zwischen den Vorderläufen durch und geht in die Bauchlohe über, die feurig lohfarbig ist und bis zur Haut durchgehen soll. Ebenfalls klar abgegrenzt ist die etwa 2 cm breite lohfarbige Seiteneinfassung; deutlich lohfarbig sollen sich von der Bauchfarbe auch die Schoßflecken abheben. Entlang dem Rumpf etwa in zwei Drittel der Rumpfhöhe treten stark lohfarbig und gut abgegrenzt die Seitenspitzen in Erscheinung. Lohfarbig ist die Innenseite der Vorder- und Hinterläufe. An den Hinterläufen soll sich die Lohfarbe von der Deckfarbe klar abheben. Auf den Vorderläufen sollen, deutlich begrenzt, die lohfarbigen Zehenpunkte hervortreten. Lohfarbig ist schließlich auch der nicht zu große, leicht abgerundete oder dreieckige und gut begrenzte Keil im Genick.
L. F.: Schmale oder verschwommene Brustzeichnung; schwache Brustlohe; schwache Seiteneinfassung; ungleichmäßige oder schwache Seitenspitzen; langer, schlecht geformter oder wolkiger Keil; schwache oder verschwommene Zeichnung der Vorder- und Hinterläufe.
S. F.: Fehlende Seiteneinfassung oder Seitenspitzen; ganz dunkle Brust; weiße Bauchfarbe oder Blumenunterseite.
Die Grundfarbe ist schwarz mit dunkelblauer Unterfarbe, Augen und Krallen sind schwarzbraun.

Allgemeines

Die Rasse besticht durch ihre außerordentliche Lebhaftigkeit. Ihr hat der Züchter durch die entsprechende Größe der Buchten Rechnung zu tragen. Früher wurde häufig noch propagiert, die hohe Stellung sei den Tieren mittels Dressur beizubringen. Natürlich ist die Stellung eine Eigenschaft, die der Vererbung unterliegt, vorausgesetzt, dass die Läufe anatomisch in Ordnung sind. Daher ist besonderer Wert darauf zu legen, dass nur Tiere mit geraden Läufen – die weder zu X- noch zu O-Beinen und erst recht nicht zum Durchtreten neigen – in der Zucht Verwendung finden.
Hasenkaninchen sind sehr fruchtbar, mütterlich und frohwüchsig. Sie haben ein ausgesprochen günstiges Ausschlachtungsverhältnis, zeigen ein sehr feinfaseriges, fettarmes Muskelfleisch. Daher sind sie trotz der Schlankform eine der besten Wirtschaftsrassen.

Alaska (Al)

Zuchtziel

Absicht der Erzüchtung der Rasse war ein schwarzes Kaninchen mittlerer Größe, das in seiner Farbe dem des Alaskafuchses möglichst ähneln sollte.

Geschichtliches

Es ist eine verhältnismäßig junge Rasse, war sie doch erst um das Jahr 1907 erzüchtet worden. Reinschwarze Kaninchen fielen damals immer wieder in den Würfen von Deutschen Riesen, Deutschen Widdern und Schecken. Dagegen ist die Farbe des Alaskakaninchens rein, fest und intensiv schwarz und wird rein vererbt.
Die Rasse ist dem Altmeister der deutschen Kaninchenzucht, Max Fischer, Gotha, zu verdanken. Ungefähr zur gleichen Zeit erschien das Alaskakaninchen auch in der Schweiz (1908) durch Friedrich Joppich, dessen Tiere aus einfarbigen schwarzen Tieren der Englischen Schecken stammten. Heute ist es eine der führenden Kaninchenrassen mit Spitzenzuchten, deren Tiere kaum noch Wünsche offen lassen. In manchen Zuchten sind jedoch bei einem Teil der Tiere die Blumen stark verkürzt – ein Fehler, der mehr Beachtung verdient.

0,1 Alaska

Körperform, Typ, Bau, Stellung, Fellhaar

Gewicht: 2,2 bis 3,25 kg, Normalgewicht 3,25 kg, Höchstgewicht 4 kg.

Form, Stellung: Breit, gedrungen, blockig, dennoch schön und von ästhetischem Reiz. Kräftige Läufe sollten dem Körper eine knapp mittelhohe Stellung geben.

Kopf: Kurz, Stirn und Schnauze breit, Backen ausgeprägt, keine tief liegenden Augen.

Ohren: Straff aufgerichtet, fleischig, oben voll gerundet, gut behaart, in der Länge dem gedrungenen Körper entsprechend.

Rumpf: Walzenförmig, gut bemuskelt, schön gerundet, Brust und Hinterpartie breit, Blume nicht verkürzt.

Rücken: Hinten gut abgerundet, Rückenlinie ebenmäßig.

Läufe: Kräftig, mittellang.

Fellhaar: Dicht in der Unterwolle, fein, gleichmäßig begrannt, nicht zu lang.

L. F.: Über 3 cm langes Fellhaar.

Häsin: Im Ganzen etwas feiner gebaut als der Rammler, möglichst wammenfrei.

Farbe

Die **Deckfarbe** ist satt, glänzend tiefschwarz und erstreckt sich über den ganzen Körper gleichmäßig; am Bauch ist sie etwas matter. Die Augen sind dunkelbraun, die Krallen schwarzbraun.

L. F.: Matte, glanzlose Farbe; leichte Abweichungen in der Farbe; leicht grauer oder Rostanflug, leichte Durchsetzung mit weißen Haaren.

S. F.: Stark grau melierte Deckfarbe; starker Rost; stark rostige Flecken am Oberkörper; starke Durchsetzung mit weißen Haaren; sichtbar weiße Flecken in der Deckfarbe.

Die **Unterfarbe** ist dunkelblau, je intensiver, desto besser.

L. F.: Etwas helle oder durchsetzte Unterfarbe.

S. F.: Stark unreine, durchsetzte Unterfarbe; weiß an der Haut abgesetzte Unterfarbe.

Allgemeines

Diese Rasse hat heute einen treuen Züchterkreis. Es ist aber nicht einfach, die Rasse auf dem Höchststand zu halten. Degenerationserscheinungen am Skelett sowie Zahnanomalien sollten beachtet werden ebenso wie besonders stark verkürzte Blumen. Die Kopfstärke sollte nicht durch Längerzüchten der Fellhaare vorgetäuscht werden. Trotz der kritischen Anmerkungen gehören Alaskakaninchen zu den am besten durchgezüchteten Rassen.

Havanna (Hav)

Zuchtziel

Zuchtziel ist ein gedrungenes, mittelgroßes Kaninchen mit einer satten, glänzenden, dunkelbraunen Farbe.

Geschichtliches

Die Havanna gehen auf braun-weiße Schecken zurück. Die ersten dieser Tiere waren 1899 in dem holländischen Dorf Ingen bei Utrecht gefallen. Zu Beginn des 20. Jahrhunderts wurde die Rasse auch in der Schweiz bekannt. 1906 zeigte A. Ries aus Biel einige seiner Tiere zum ersten Mal der Öffentlichkeit. Die Nachfrage nach diesen kastanienbraunen Kaninchen war sehr groß; allerdings waren sie in Größe, Form und Farbe sehr unterschiedlich. Um einer größeren Gleichheit willen gründete Kemp, Grevenbroich, den 1. Deutschen Havannazüchter-Klub. Er erarbeitete einheitliche Zuchtrichtlinien und erreichte die Anerkennung der Rasse. Heute sind die Havannakaninchen zahlenmäßig und qualitativ leicht überdurchschnittlich verbreitet, vom Alaskakaninchen jedoch in Bezug auf beides teilweise noch weit entfernt.

1,0 Havanna

Körperform, Typ, Bau, Stellung, Fellhaar

Gewicht: 2,25 bis 3,25 kg, Normalgewicht 3,25 kg und mehr, Höchstgewicht 4 kg.
Form, Stellung: Gedrungen, blockig, gut bemuskelt.
Kopf: Kurz, Stirn- und Schnauzpartie breit.
Ohren: Dem Körper entsprechend, fleischig und gut behaart.
Rumpf: Brust und gut gerundete Hinterpartie breit, blockig.
Rücken: Hinten gut abgerundet, Rückenlinie ebenmäßig.
Läufe: Kräftig, mittellang.
Fellhaar: Mit reichlicher Unterwolle versehen und gleichmäßig fein begrannt.

Häsin: Bau insgesamt etwas feiner als beim Rammler. Bei älteren Häsinnen ist eine kleine, gut geformte Wamme zulässig.

Farbe

Die **Deckfarbe** ist intensiv dunkelbraun, glänzend – je satter, desto besser. Die Farbe ist am ganzen Körper gleichmäßig, auch an Kopf und Ohren; etwas matter ist lediglich die Bauchdeckfarbe. Die Augen sind braun, rot durchleuchtend, die Krallen dunkelhornfarbig.
L. F.: Leicht grau melierter Anflug in der Deckfarbe; etwas aufgehellte, glanzlose Deckfarbe; leichte Durchsetzung mit weißen Haaren; geringer Rostanflug; etwas hellere Brust.
S. F.: Stark reifartige, grau melierte Deckfarbe; starke Durchsetzung mit weißen Haaren; sichtbare weiße Flecken in der Deckfarbe; starker Rost; völlig helle Brust.

Die **Unterfarbe** ist blau und hat bis zur Haarwurzel zu reichen – je intensiver, desto besser. Genetisch bedingt ist sie heller als bei schwarzen und schwarzwildfarbigen Kaninchen.
L. F.: Hellere oder durchsetzte Unterfarbe.
S. F.: Stark unreine, stark durchsetzte Unterfarbe; weiße Unterfarbe am Haarboden.

Allgemeines

Die Farbe der Havanna ist am schönsten nur im ersten Jahr; mit zunehmendem Alter treten Farbmängel auf. Die Tiere sind vor Sonneneinwirkung zu schützen, da sie unter Einfluss der UV-Strahlung sehr schnell Rost in der Decke zeigen. Auch hier sind Tiere für die Zucht am wertvollsten, die Deck- und Unterfarbe lange behalten und bei denen die Einwirkung der Umwelteinflüsse nicht so stark auftritt. Übertriebene Anforderungen an die Unterfarbe entspringen mangelhaften Kenntnissen der Genetik. Wegen der pigmentverdünnenden Wirkung am gesamten Haar durch den Havannafaktor kann diese gar nicht dunkler als hell- bis mittelblau sein. Die Rasse ist gut verbreitet und es gibt eine Reihe von Zuchten mit ganz hervorragenden Tieren.

Abteilung III – Kleine Rassen

Kleinschecken (KlSch)

Zuchtziel

Zuchtziel war die Erschaffung einer Rasse „mit den Zeichnungsmerkmalen der DRSch, jedoch wesentlich kleiner und leichter" (A. Hirt, DKZ 14/1978). Es galt, die Rassemerkmale namentlich der Größe, Form und Fellqualität zu festigen – bei einer so jungen Rasse eine keineswegs einfache Aufgabe. Wenige Jahre nach der Anerkennung wurde dank intensiver Züchterarbeit bei den Kleinschecken bereits weitgehend das Zuchtziel erreicht. Wegen ihrer handlichen Größe wurden sie besonders für die Scheckenfreunde interessant, die wegen ihrer räumlichen Gegebenheiten keine Deutschen Riesenschecken züchten konnten.

1,0 Kleinschecken, havannafarbig-weiß

Geschichtliches

Die Rasse stammt von Importtieren der Tschechischen Schecke ab. In Deutschland baute Arnold Hirt, Dauchingen – ab 1972 – zwei parallele Linien aus Deutschen Riesenschecken und Englischen Schecken auf. Die bestgezeichneten Tiere der einen Linie kreuzte er mit den formbesten der anderen. Anlässlich der 11. Bundeskaninchenschau 1974 in Stuttgart stellte er vier Tiere zur Schau; zwei erhielten sg, zwei g. Weitere Züchter, unter ihnen Dieter Rapp, Deißlingen, stellten sich Hirt zur Verfügung. Die 8. Landesschau 1976 in Stuttgart zeigte sieben Tiere der neuen Rasse; das Interesse nahm zu. Der endgültige Durchbruch aber gelang durch die Einkreuzung Tschechischer Schecken. 1977 wurde die Rasse anerkannt.

Körperform, Typ, Bau, Stellung, Fellhaar

Gewicht: 2,5 bis 3,0 kg, Normalgewicht 3,0 kg und mehr, Höchstgewicht 3,75 kg.
Form, Stellung: Gedrungen, Fleischansatz sichtbar, Stellung mittelhoch.
L. F.: Schmaler, nach vorn verjüngter Körper.
S. F.: Vollständige Abweichung vom geforderten Typ.
Kopf: Kurz, kräftig, Stirn und Schnauze breit, Backenpartie gut entwickelt.
Ohren: In der Länge mit dem Körper harmonierend, straff aufgerichtet, fleischig, gut behaart.
Rumpf: Walzenförmig, breit, Flanken gut gefüllt, Hinterpartie schön abgerundet; Kopf dicht am Rumpf aufgesetzt.
L. F.: Lose Schultern.
Rücken: Breit, Rückenlinie ebenmäßig, Becken gut gerundet
Läufe: Mittellang, kräftig.
Fellhaar: Unterwolle dicht, fein, Begrannung nicht zu lang, gleichmäßig.

Häsin: Insgesamt feiner als der Rammler, möglichst wammenfrei. Bei älteren Häsinnen ist eine kleine, wohlgeformte Wamme zugelassen.

Farbe

Anerkannt sind die Farbenschläge **Schwarz-Weiß, Blau-Weiß** und **Havannafarbig-Weiß**.
Die **Grundfarbe** (in Deck- und Unterfarbe) ist reinweiß. Die jeweilige Zeichnungsfarbe ist intensiv, rein und nicht mit andersfarbigen Haaren durchsetzt. Die Augen sind bei den schwarz-weißen Tieren braun, bei den havannafarbig-weißen Tieren braun sowie rot durchleuchtend und bei den blau-weißen Tieren blaugrau. Die Krallen sind bei allen Farbenschlägen pigmentlos (weiß).
L. F.: Gelblicher Anflug in der Grundfarbe; unreine oder mit weißen Haaren leicht durchsetzte Zeichnungsfarbe; eine einzelne farbige Kralle.
S. F.: Stark unreine, mit weißen Haaren durchsetzte Zeichnungsfarbe; mehr als eine farbige Kralle.

Zeichnung

Die Zeichnungsanlagen unterteilt man in Kopf- und Rumpfzeichnung. Die **Kopfzeichnung** besteht aus dem Schmetterling, den Augenringen, den Backenpunkten und der Ohrenzeichnung.

Der Schmetterling, der gut ausgeprägt verlangt wird, beginnt auf der Mitte des Nasenrückens mit dem schön abgerundeten Dorn; er breitet sich mit vollen Flügeln symmetrisch auf beiden Seiten bogenförmig über die Mundwinkel aus und fasst den Unterkiefer seitlich schmal ein.

Die Augenringe sind möglichst geschlossen und gleichmäßig breit. Kein Fehler ist die oben am Augenring vorhandene kleine Zacke. Die Backenpunkte stehen frei unter den Augenringen, sie sind rund oder oval geformt. Die Ohrenzeichnung ist an der Ohrenwurzel übergangslos abgegrenzt; ein kleiner Ausläufer der Ohrenzeichnung in der Stirnmitte bleibt unberücksichtigt.

L. F.: Gezackter Schmetterling, unschöner Dorn; fleischfarbener Lippenspalt; schwache seitliche Unterkiefereinfassung; ungleichmäßige, grobe Augenringe; unreiner Ohrenansatz; unreiner Kopf (Spritzer); kleine weiße Flecken in den Augenringen im Bereich des Augenringzackens.

0,1 Kleinschecken, schwarz-weiß

S. F.: Unvollständiger Schmetterling; fehlender Dorn; große Zacken in den Schmetterlingsflügeln; völlig fehlende seitliche Unterkiefereinfassung; am Unterkiefer geschlossener Schmetterling; weiße Nasenspitze; weißer Lippenspalt; ein- oder beidseitig anhängender Backenpunkt; Fehlen eines oder beider Backenpunkte; doppelter Backenpunkt ein- oder beidseitig; nicht geschlossener Augenring; Zusammenhänge eines oder beider Augenringe mit dem Schmetterling oder der Ohrenzeichnung; Fehlen eines Zeichnungsmerkmals; weiße Flecken im Schmetterling, in den Augenringen oder in der Ohrenfarbe.

Die **Rumpfzeichnung** besteht aus dem Aalstrich und den Seitenflecken. Der Aalstrich beginnt am Genick, geht über den Rücken und reicht bis zur Blumenspitze. Er ist etwa 2 cm, jedenfalls aber gleichmäßig breit. Die Seitenzeichnung besteht aus fünf bis sieben frei stehenden Seitenflecken, die einen Durchmesser von etwa 2 cm haben sollen. Flecken an Brust, Bauch, Läufen und der Unterseite der Blume sind nicht zu berücksichtigen.

1,0 Kleinschecken, blau-weiß

L. F.: Gezackter oder ungleichmäßiger Aalstrich; breiter oder zu schmaler Aalstrich; Unterbrechung des Aalstrichs vom Genick bis zu den Schulterblättern oder vom Ansatz der Blume bis zur hoch gelegten Blumenspitze; am Aalstrich leicht anhängende Seitenzeichnung; schwache, volle oder ungleichmäßige Seitenzeichnung; Anlage zur Kettenzeichnung (ein- oder beidseitig des Körpers frei stehender Kettenpunkt; nicht als Kettenpunkte gelten Genickpunkte, die weniger als 2 cm vom Aalstrich entfernt sind); kleine weiße Flecken in der geschlossenen Seitenzeichnung.
S. F.: Deutlich sichtbare Unterbrechung des Aalstrichs zwischen den Schulterblättern und der hoch gelegten Blumenspitze; starkes Zusammenhängen der Seitenzeichnung mit dem Aalstrich; Sattel- oder Mantelzeichnung; mehr als ein frei stehender Kettenpunkt auf einer Seite; weniger als drei Seitenflecken auf einer Seite; Fehlen eines Zeichnungsmerkmals; weiße Flecken im Aalstrich.

Allgemeines

Eine große Wurfstärke ist wegen der Spalterbigkeit Zuchtziel, weil grundsätzlich damit zu rechnen ist, dass nur knapp die Hälfte der Jungtiere von der Zeichnung her ausstellungsfähig ist. Eine Verpaarung zweier Typenschecken ist aus Tierschutzgründen nicht mehr statthaft, weil daraus nach Mendel 25 % sogenannte Weißschecken fallen, die nicht lebensfähig sind und spätestens kurz vor Erreichen der Geschlechtsreife verenden. Näheres zu den weiteren seit 2015 in Kraft getretenen Bestimmungen finden Sie auf Seite 22.

Blaue Holicer

Geschichtliches und Zuchtziel

Der Blaue Holicer ist die Nachzucht einer tschechischen Rasse. Zuchtziel ist ein kleines Kaninchen mit einer hellen, stahlblauen Fellfärbung. Ab Beginn des Zuchtjahres 2016 (1.10.2015) wird die Rasse im ZDRK anerkannt. Die bisherige Musterbeschreibung ist in Anlehnung an den Europastandard verfasst.

Körperform, Typ, Bau, Stellung, Fellhaar

Gewicht: Normalgewicht 2,5 kg, Mindestgewicht 2 kg, Höchstgewicht 3,50 kg.
Form, Stellung: Der Körper ist walzenförmig, leicht gedrungen. Der Hals ist kurz, fast unscheinbar. Die Läufe sind kurz und kräftig.
Kopf: Der Kopf ist kurz und breit, schön abgerundet und breit in der Stirnpartie.
Ohren: Die Ohren sind kräftiger Struktur und entsprechen in ihrer Länge der Körpergröße.
Fellhaar: Die Behaarung ist mittellang, sehr dicht in der Unterwolle, mit elastischen, aber nicht mit zu großen Grannen.

1,0 Blaue Holicer

Farbe

Die **Deckfarbe** ist am ganzen Körper hell stahlbau. Am Bauch ist die Farbe matter. Die Augenfarbe ist graublau. Die Krallen sind hornfarbig.

Die **Unterfarbe** soll der Deckfarbe entsprechen; an der Haut kann ein sehr schmaler, hellerer Streifen vorkommen.

L. F.: Allgemeine leichte Form-, Fell- und Farbfehler; dünne, wenig elastische Haare; Ungleichmäßigkeit der Deckfarbe; vereinzelte weiße Haarbüschel; dunkle Deckfarbe; gering rostfarbig; kleine Abweichungen von der geforderten Augenfarbe und der Farbe der Krallen; hellere Unterfarbe; vereinzelte weiße Haarbüschel in der Unterwolle; ein heller breiter Streifen am Haarboden.

S. F.: Allgemeine schwere Form-, Fell- und Farbfehler; Behaarung ohne Unterwolle; eine Gruppe weißer Haarbüschel, welche die Deckhaare stark mit weißen Haaren vermischen; eine starke Depigmentierung der Schnauzenpartie; weiße Spürhaare.

Allgemeines

Die gezeigten Tiere sind teilweise schon recht ansprechend, besonders in Bezug auf Kopf und Ohren. Schwachstelle ist noch die Position 5: Oft sind die Deckfarben etwas dunkel oder weiß durchsetzt, teilweise wünscht man sich auch die Krallen besser pigmentiert.

Separator (Sep)

Zuchtziel

Zuchtziel ist ein kleines, sandfarbiges Kaninchen. Die Sandfarbe, die sich als eine helle Thüringerfarbe mit fehfarbigem Anflug und fehfarbigen Abzeichen darstellt, hat die Besonderheit, dass sie über alle einfach mendelnden Farbgene in der reinerbigen, rezessiven Form verfügt.

Geschichtliches

Die Idee zur Herauszüchtung der Rasse ist alt und wird bereits von Nachtsheim 1949 beschrieben, der sandfarbige Kaninchen mit und ohne Wildfaktor herausgezüchtet hatte. In der ehemaligen DDR wurde der nichtwildfarbige Farbenschlag von Grützmann aus Dessau neu entwickelt und als „Separatorkaninchen" bezeichnet. In Westdeutschland machten sich insbesondere Schmitt, Rodenbach und Schumann, Asendorf, um die Rasse verdient. Heute, bereits wenige Jahre nach der Anerkennung, zeigt sich die Rasse mit guter Qualität. Lediglich eine stärkere Verbreitung ist ihr zu wünschen.

0,1 Separator

Körperform, Typ, Bau, Stellung, Fellhaar

Gewicht: Mindestgewicht 2,5 kg, Normalgewicht 3,0 kg, Höchstgewicht 3,75 kg.
Form, Stellung: Der Körper ist gedrungen und walzenförmig. Die Rückenlinie ist ebenmäßig und hinten gut abgerundet.
Kopf: Der Kopf ist kurz, breit und dicht am Körper angesetzt.
Ohren: Die Ohren sind fleischig und sollen zum Körper passen.
Läufe: Die Läufe sind kräftig und mittellang.
Fellhaar: Das Fell ist mittellang, dicht und gleichmäßig fein begrannt.

Farbe

Die Deckfarbe ist ein helles, sandfarbiges Gelbbraun, abgetönt durch einen feinen, fehfarbigen Anflug (Schleier). Außerdem zeigen die Tiere fehblaue Thüringerabzeichen. Die Augenfarbe ist graubraun bis blaugrau, je nach Lichteinfall rot durchleuchtend. Die Krallen sind hornfarbig, die Unterfarbe ist gelblich bis cremefarben ohne scharfe Abgrenzung zur Decke.
L. F.: Schwacher Anflug; fast fehfarbiger, das heißt einfarbiger Kopf.
S. F.: Starke weiße Durchsetzung; weiße Büschel; total einfarbiger Kopf; gänzliches Fehlen des bläulichen Schleiers auf der Decke; fehlender fehfarbiger Seitenschleier.

Allgemeines

Die Rasse ist nicht nur deshalb interessant, weil sie eine besonders attraktive Farbe zeigt, sondern auch aufgrund ihrer hervorragenden Eignung für Testpaarungen bei Reinerbigkeitsuntersuchungen. Dieser Eigenschaft hat diese Rasse auch ihren Namen zu verdanken (lat. separare = spalten, trennen). Auch sind die Separatorkaninchen aufgrund der völligen Rezessivität aller Erbanlagen total reinerbig in Bezug auf alle Farbgene (nicht jedoch auf Albinismus, Langhaar usw.), sodass ihre Zucht recht einfach ist, weshalb sicherlich auch eine stärkere Verbreitung abzusehen ist.

Deutsche Kleinwidder (DklW)

Zuchtziel

Die Rasse ist die verkleinerte Wiedergabe des DW, der mit seinen 5,5 kg für zahlreiche Züchterfamilien heutzutage nicht mehr haltbar ist, obwohl bei ihnen die DW-Zucht Tradition ist und bleiben soll. Die ersten Tiere hatte Johannes Geerdts 1968 in Essen vorgestellt. Seither hat die Rasse ein Heer neuer Freunde gefunden. Sorge bereiteten vor allem in einigen Zuchten die Formen: loses Brustfell, eine knochige Beckenpartie, in der Mitte ein schmaler Körper sowie Wammenbildung sind nicht selten. Jedoch ist andererseits in vielen Zuchten ein hervorragender Zuchtstand erreicht.

Geschichtliches

Als Herauszüchter gelten Erhard Diener und Johannes Geerdts. 1973 erfolgte die Anerkennung der Rasse. Natürlich gab es von der Anerkennung bis heute noch viel zu tun: So befanden sich in den ersten Jahren immer wieder viele Tiere in den Würfen, die weit entfernt waren vom Standardideal. Die Rasse hat heute eine gute Verbreitung. Erfreulich ist auch, dass sie in einer ganzen Reihe verschiedener Farbenschläge in recht erfreulicher Qualität vorhanden ist. Den großen Deutschen Widdern haben die Kleinwidder längst den Rang abgelaufen.

Körperform, Typ, Bau, Stellung, Fellhaar

Gewicht: 2,5 bis 3 kg, Normalgewicht 3 kg und mehr, Höchstgewicht 3,5 kg.

Form, Stellung: Gedrungen, mit einer breiten Schulterpartie und breiten, mittelhohen Stellung.

L. F.: Gestreckter Körper.

S. F.: Völlig fehlender Widdertyp.

Kopf: Bei beiden Geschlechtern wird ein ausgeprägter Widderkopf gefordert: kurz, breit und gut entwickelt, stark die Kinnbacken, breit die Schnauz- und Stirnpartie, markant die Ramsnase.

L. F.: Mangelhafte Kopfbildung.

Ohren: Die fleischigen, voll behaarten und gut abgerundeten Ohrmuscheln mit einer Behanglänge von 30 bis 36 cm (Ideallänge 32 bis 34 cm) treten aus den stark ausgeprägten, eng zusammen liegenden Kopfwülsten (Kronen) hervor und werden zu beiden Seiten des Kopfes mit der Schallöffnung nach innen hufeisenförmig getragen. Sie hängen am Körper schlaff nach unten.

L. F.: Schwach ausgebildete Kronen; dünne, zusammengeklappte, schlecht getragene Ohrmuscheln.

S. F.: Zeitweiliges Aufrechttragen eines oder beider Ohren; mehr als 36 cm und weniger als 30 cm Behanglänge.

Rücken: Schöne, ebenmäßige Rückenlinie.

Läufe: Kurz, mittelstark, Vorderläufe gerade, stämmig.

Fellhaar: Mit etwa 3 cm mittellang. Analog der Großrasse sehr dicht in der Unterwolle, vollgriffig, nicht zu hart, jedoch gleichmäßig begrannt.

Rumpf: Breit, walzenförmig, Becken gut abgerundet; kurzer, kräftiger Nacken, kein Hals sichtbar, feste Fellhaut an der Brust.

Häsin: Körperbau, Kopf und Läufe sind kaum schnittiger als beim Rammler; sie soll möglichst wammenfrei sein.

Farbe

Anerkannt sind die Farbenschläge **Grau** in den Abstufungen **Wild-, Hasen-, Dunkel-, Eisengrau** und **Hasenfarbig, Weiß Rotaugen, Weiß Blauaugen** sowie –

mit der unten folgenden Einschränkung – alle anderen einfarbigen Farbenschläge. Anerkannt ist außerdem die Thüringerfarbe mit Thüringerabzeichen. Diese Farbenschläge (außer Weiß) sind auch als gescheckte Tiere zugelassen, wobei nur die

1,0 Deutsche Kleinwidder, wildfarben

1,0 Deutsche Kleinwidder, wildfarben-weiß

Mantelscheckung anerkannt ist. Anerkannt ist ferner die Farbe und Zeichnung des Rhönkaninchens. Für alle Farbenschläge werden die jeweiligen Anforderungen an Farbe, Zeichnung und Abzeichen der entsprechenden Rassen erhoben.

1,0 Deutsche Kleinwidder, blaugrau

1,0 Deutsche Kleinwidder, rot

Nicht zugelassen sind die Farben und Zeichnungen der Silberkaninchen, der Deutschen Riesenschecken, der Rheinischen Schecken, der Kleinschecken, der Englischen Schecken, der Weißen Hotot, der Kalifornier und Russenkaninchen, der Marder- und Siamesenkaninchen, der Weißgrannen und Schwarzgrannen, der Japaner-, der Holländer- und der Lohkaninchen sowie der Separator und der Jamora. Für die gescheckten Deutschen Kleinwidder wird die Mantelzeichnung gefordert. Sie ist bei den Deutschen Widdern in neuester Fassung beschrieben zu finden. L. F. und S. F. siehe dort.

Allgemeines

Hervorgehoben zu werden verdienen die große Wurfleistung, das gute Aufzuchtvermögen, die Frohwüchsigkeit und die ansprechende Futterverwertung. Die Schlachtausbeute beträgt 60 bis 65 %, ist also größer als beim DW. Es gilt vor allem, die Formen zu verbessern. Eine züchterische Verzettelung auf allzu viele Farbenschläge bringt die Zucht nur langsam voran.

Kleinchinchilla (KlCh)

Zuchtziel

Frohwüchsigkeit, frühe Schlachtreife und ein sehr dichtes Fell sind die Vorzüge dieser Rasse. Sie ist sehr verbreitet und nimmt auch mit wenig Platz vorlieb. Hauptproblem bei dieser gut durchgezüchteten Rasse sind Wammenansätze bei beiden Geschlechtern und lange Zeiten haarungsbedingter Fleckigkeit des Fells.

Geschichtliches

Ihren Anfang nahm die Rasse von den mittelschweren Chinchillakaninchen von Dybowski aus Nogant sur Marne 1913. Die ersten Tiere, die 1920 auf mehreren deutschen Schauen zu sehen waren, beeindruckten lediglich durch ihren Namen und ihr chinchillafarbiges Aussehen, obwohl die Engländer walzenförmige, gedrungene Tiere mit sehr dichtem Fell, einer dunkleren Farbe und klaren Schattierungen bevorzugten. Dennoch nahm die Verbreitung der Rasse in den Jahren von 1921 bis 1925 sprunghaft zu. 1922 verfügte der französische Chinchilla-Club den Schwarzloh-Typ und ein Gewicht von 2 bis 2,5 kg. In den Jahren von 1935 bis 1938 erreichte die Rasse ihren Zenit. Heute zählt sie zu den am besten durchgezüchteten Kaninchenrassen.

Körperform, Typ, Bau, Stellung, Fellhaar

Gewicht: 2,25 bis 2,75 kg, Normalgewicht 2,75 kg und mehr, Höchstgewicht 3,25 kg.
Form, Stellung: Gedrungen, breit, da schön erscheinend, keineswegs plump; mittelhohe Stellung.

Kopf: Kurz, Stirn und Schnauze breit, Backen voll.
Ohren: Dem Körper entsprechend kurz, fleischig, aufrecht getragen und voll behaart.
Rumpf: Gut gerundet, Schultern fest, Brust und Hinterpartie breit.
Rücken: Hinten gut gerundet, Rückenlinie ebenmäßig.
Läufe: Kurz, mittelstark, breit gestellt.
Fellhaar: Mittellang, sehr vollgriffig, fein und nicht zu kurz begrannt.

Häsin: Insgesamt zierlicher als der Rammler (Geschlechtscharakter!). Wammenfreiheit ist zu fordern, doch ist bei älteren Häsinnen Wammenansatz gestattet.
L. F.: Wammenansatz bei jungen, leichte Wammenbildung bei älteren Häsinnen.
S. F.: Stark ausgeprägte Wamme.

Farbe

Die **Deckfarbe** von blau getöntem, lichtem Aschgrau breitet sich möglichst gleichmäßig, auch an Brust und Läufen und an den Flanken weit nach unten, über die gesamte Decke aus. Der Farbeffekt wird hervorgerufen durch schwarz-weiße Fellhaare. Zwischen diesen stehen, büschelweise geordnet, auf dem Rücken am meis-

1,0 Kleinchinchilla

ten ausgeprägt und unregelmäßig über den Körper verteilt, reinschwarze Haare. Sie bilden die kräftige, flockige schwarze **Schattierung**.

Unter der Deckfarbe breitet sich ein etwa 2 bis 3 mm breiter schwärzlicher Streifen aus, früher „Kränzchen“ genannt. Die Ohrenränder sind schwarz umrandet; der kleine Keil im Genick ist grauweiß, die Oberseite der Blume ist schwarz und grauweiß schattiert, ihre Unterseite weiß. Weiß ist auch die Bauchdeckfarbe. Die Augen sind dunkelbraun, die Krallen schwarzbraun.

L. F.: Etwas helle Brust und Vorderläufe; Bindenansätze; etwas helle Seiten und Flanken; bräunlicher Anflug an Kopf und Ohren; großer Keil; schwache Ohrenränder; gleichmäßige Schattierung; leichter Rostanflug.
S. F.: Bräunlicher Ton in der Deckfarbe; gelber Keil; gänzlich helle Brust und Vorderläufe; völlig gleichmäßige, silberartige Schattierung; starker Rost; weiße Binden.

Die **Zwischenfarbe** soll sich 3 bis 4 mm breit möglichst schneeweiß von Deck- und Unterfarbe scharf abheben. Von ihrer Reinheit und der Qualität der Abgrenzung hängt die Leuchtkraft und Schönheit des Felltrichters ab.
L. F.: Schmale, breite oder verschwommene Zwischenfarbe.
S. F.: Bräunlicher Ton in der Zwischenfarbe; gänzliches Fehlen der Zwischenfarbe; eine mehr als 8 mm breite Zwischenfarbe.

Die **Unterfarbe** soll bereits an der Haarwurzel ansetzen und etwa zwei Drittel der Haarlänge erfassen. Sie ist dunkelblau, auch am Bauch. Bei älteren Häsinnen muss die Unterfarbe wenigstens noch in der Schoßpartie vorhanden sein.
L. F.: Unreine, durchsetzte, helle Unterfarbe; bräunliche Unterfarbe am Bauch; gänzlich weiße Unterfarbe in der gesamten Bauchlänge.

Allgemeines

Die Schattierung kann hell, mittel oder dunkel sein. Die zu hellen und gleichmäßigen Tiere sind wertlos, denn anzustreben ist eine mitteldunkle Schattierung. Daher ist auf die Erhaltung einer bläulich schwarzen, klaren Farbe der Decke zu achten. Kennzeichen des Farbstoffreservoirs sind der schwarze Ohrensaum, der dunkle Farbspiegel auf der Stirn, die dunkle Unterfarbe am Bauch, die dunkelbraunen Augen und die Krallenfarbe. Sehr dunkle Tiere zeigen oft zwar eine kräftige Schattierung der Decke, jedoch mäßige, verwaschene Zwischenfarben. Dennoch sollten von Zeit zu Zeit solche Tiere in der Zucht eingesetzt werden, zumindest dann, wenn die Deckfarben insgesamt zu gleichmäßig und silbrig werden.

Deilenaar (DL)

Zuchtziel

Gewünscht wird ein kleines, hasenfarbiges Kaninchen im Typ des Kleinchinchilla. Die Hasenfarbe zeigt sich aufgrund der anderen Fellstruktur auch etwas abweichend von der des Hasenkaninchens, insbesondere was die Breite der Unterfarbe betrifft.

Geschichtliches

Über die Zuchtgeschichte ist auch in Holland wenig bekannt geworden. Selbst Schaedtler beschränkt sich auf einige wenige Fakten: Die Rasse wurde von Ridderhof, Deil/Holland, erzüchtet und am 1. Mai 1940 anerkannt, nachdem Ridderhof seine Tiere mehrere Jahre lang bei den größten holländischen Schauen vorgestellt hatte. Doch standen die Kriegsereignisse einer größeren Verbreitung und einer nennenswerten Zucht entgegen. Nach dem Kriegsende erlebte die Rasse einen deutlichen Aufschwung; in jener Zeit erfolgten mehrere Importe in die Gegend von Aachen. In der Bundesrepublik wurde die Rasse 1975 bei der ZDK-Tagung in Dombach/Ts. anerkannt. Die Rasse ist nicht übermäßig verbreitet, zeigt zum Teil jedoch sehr hochwertige Tiere.

Körperform, Typ, Bau, Stellung, Fellhaar

Gewicht: 2,25 bis 2,75 kg, Normalgewicht 2,75 kg und mehr, Höchstgewicht 3,25 kg.
Form, Stellung: Kurz, gedrungen, gut fleischig; Stellung mittelhoch.
Kopf: Kurz, Stirn und Schnauze breit, Kinnbacken vor allem beim Rammler kräftig entwickelt.
Ohren: Verhältnismäßig kurz (9 bis 11 cm), fleischig, voll behaart.
Rumpf: Walzenförmig, Brust und Hinterpartie breit, Flanken gut gefüllt, ohne erkennbaren Hals und Nacken.
Läufe: Mittellang, kräftig.
Fellhaar: Mit etwa 3 cm mittellang, dicht; gut und gleichmäßig begrannt.

Häsin: Insgesamt etwas zierlicher als der Rammler; namentlich die Backenpartie weniger kräftig entwickelt; wammenfrei.

Farbe

Die **Deckfarbe** ist gekennzeichnet durch ein leuchtendes, kräftiges Rotbraun, das seitlich über die Flanken weit nach unten reicht. Darüber breitet sich eine schwarze, flockige Schattierung, die dadurch entsteht, dass schwarze Grannenhaare büschelweise beisammen stehen. Sie tritt auf dem Rücken sehr stark in Erscheinung, nicht schattiert dagegen sind Brust und Vorderläufe. Kinn, Bauch und Unterseite der Blume sind hell und lohfarbig getönt, die Schoßflecken am Bauch sind gut

ausgeprägt; die Ohren sind kräftig schwarz gerändert, die Oberseite der Blume ist schattiert. Die Augen sind dunkelbraun, die Krallen schwarzbraun.
L. F.: Schwache Schattierung; etwas helle Seiten und Schenkel; leichte Durchsetzung der Deckfarbe mit weißen Haaren; schwach geränderte Ohren; helle Kinnbackeneinfassung; etwas helle Hinterläufe; leichte Binden an den Vorder- und Hinterläufen.
S. F.: Stark durchsetzte Deckfarbe; sichtbare weiße Flecken in der Decke; gänzliches Fehlen der Schattierung.

Die **Zwischenfarbe** von 6 bis 8 mm Breite ist rost- bis braunrot und von der Deck- und Unterfarbe klar abgegrenzt.
L. F.: Blasse oder verschwommene, nicht gut abgegrenzte Zwischenfarbe, etwas schmale oder breite Zwischenfarbe.
S. F.: Fehlende, zu schmale oder zu breite Zwischenfarbe.

Die **Unterfarbe** nimmt etwa die Hälfte der Haarlänge ein und ist rein dunkelblau. Die Bauchunterfarbe ist im Brust- und Schoßbereich blau, am übrigen Bauch wird

1,0 Deilenaar

sie satt lohfarbig gewünscht. Bei der Bewertung ist es gleichgültig, ob die blaue Unterfarbe am Bauch durchgeht oder nicht.
L. F.: Etwas helle oder durchsetzte Unterfarbe.
S. F.: Stark unreine oder verwaschene Unterfarbe; Fehlen der blauen Bauchunterfarbe auch in der Schoß- und der Brustpartie.

Allgemeines

Die Tiere gelten als robust und frohwüchsig. Die Häsinnen sind allgemein gute Muttertiere. In vielen Stämmen gilt es, die Formen zu verbessern. Besonders störend sind dabei die hoch stehenden Hüftknochen, aber auch das teilweise recht lose Brustfell.

Marburger Feh (MF)

Zuchtziel

Es ist eine Kombinationsrasse von Blau und Havanna. Ihr Gewicht entspricht genau dem des Kleinchinchilla. Besonderer Wert ist auf die Erhaltung des braunen Anflugs auf der Decke zu legen. Außerdem verdienen die teilweise mangelhaften, sehr schwachen Läufe, wie sie besonders in dieser Rasse anzutreffen sind, mehr Beachtung. Infolge der vielen Abendbewertungen bei schlechtem Licht hat auch die weiße Durchsetzung bei Tieren dieser Rasse zugenommen, weil man sie im Schein einer Neonröhre oder einer Glühlampe wohl kaum erkennt.

Geschichtliches

Entdecker der Rasse (1912) war ein 11-jähriger Schüler; Erzüchterin war seine Tante Frl. Sandemann aus Marburg/L. 1916 stellte sie der Öffentlichkeit die ersten Tiere vor, die Aufsehen erregten, weil selbst Pelzfachleute Fell und Farbe rühmten. Die Rasse breitete sich aus, nicht zuletzt deshalb, weil sie bei vielen Züchtern die Hoffnung auf eine gelungene Imitation des echten Fehpelzes nährte. Das Marburger Feh hat auch heute einen ansehnlichen Züchterkreis.

Körperform, Typ, Bau, Stellung, Fellhaar

Gewicht: 2,2 bis 2,75 kg, Normalgewicht 2,75 kg und mehr, Höchstgewicht 3,25 kg.
Form, Stellung: Der Körper ist, der Zartheit der Farbe entsprechend, feingliedrig, leicht gedrungen, keinesfalls massig; obwohl Nutzrasse, sollte ein Fleischansatz möglichst wenig in Erscheinung treten. Wichtig ist es jedoch, trotz aller Feingliedrigkeit, großen Wert darauf zu legen, dass das Tier sich noch stellen kann. Es ist eine mittelhohe Stellung anzustreben.
Kopf: Kurz, dem Körper entsprechend, mit breiter Stirn und Schnauze. Beim Rammler ist die Kinnbackenpartie gut ausgeprägt.

Ohren: Zum Körper passend, straff aufgerichtet, fleischig und gut behaart.
Rumpf: Walzenförmig, leicht gedrungen, Brust und Hinterpartie angemessen breit, Nacken und Hals wenig sichtbar.
Rücken: Rücken und Hinterpartie harmonisch gerundet, Rückenlinie ebenmäßig.
Läufe: Feingliedrig, mittellang.
Fellhaar: Sehr dicht in der Unterwolle, nicht zu kurz, jedoch fein und gleichmäßig begrannt.

Häsin: Dem Rammler nahezu gleich. Möglichst wammenfrei, doch ist bei älteren Häsinnen Wammenansatz zugelassen.
L. F.: Wammenansatz bei jungen Häsinnen, etwas Wammenbildung bei älteren Häsinnen.
S. F.: Ausgeprägte Wamme.

Farbe

Die **Deckfarbe**, am ganzen Körper gleichmäßig, ist zart abgetönt lichtblau; lediglich die Bauchfarbe ist etwas matter. Über die Deckfarbe breitet sich ein

1,0 Marburger Feh

leicht bräunlicher Schleier, der an den kurz behaarten Stellen, an Kopf, Ohren und Läufen, stärker in Erscheinung tritt. Die Augen sind blaugrau, je nach Lichteinfall rot durchleuchtend, die Krallen sind hornfarbig bis dunkelhornfarbig.
L. F.: Etwas dunkle oder helle Deckfarbe; leicht durchsetzte Decke; reifartiger Anflug; schwacher Schleier; leichter Rost; geringe Farbabweichungen an einzelnen Körperteilen.
S. F.: Ganz fahle, silbrige oder zu dunkle Decke; völlig fehlender Schleier; starker Rost.

Die **Unterfarbe** sollte der Deckfarbe möglichst entsprechen und von dieser nicht scharf abgegrenzt sein.
L. F.: Helle oder leicht durchsetzte Unterfarbe.
S. F.: Ganz helle oder stark durchsetzte Unterfarbe, am Haarboden weiße Unterfarbe.

Allgemeines
Eine gut durchgezüchtete Kleinrasse sind die Marburger Feh allemal. Das betrifft sowohl ihre Stärken als auch ihre Schwächen. Die Stärken der Rasse liegen im Fell und in der Farbe. Dort gibt es mit Ausnahme haarungsbedingter Fehler nur recht wenig zu bemängeln. Die Formen jedoch geben häufig Anlass zur Kritik. Zwar sind zumeist die Hinterpartien gut gerundet, jedoch ist der Körper oft leicht verjüngt. Außerdem liegen viele Tiere platt auf dem Tisch ohne jede Stellung. Ebenso zeigen viele Tiere reichlich loses Brustfell. Auch in puncto Kopfbildung und Ohren haben die anderen Rassen dieses Gewichtssegments teilweise deutlich mehr zu bieten. Hier sind die Züchter gefordert, aus etwas Gutem etwas Hervorragendes zu machen. Viele Marburger Feh haben gelbes Fett, ein reiner Schönheitsmakel ohne Auswirkung auf Qualität und Verwendbarkeit des Fleisches.

Sachsengold (SaG)

Zuchtziel
Zuchtziel ist ein kleines, rundum gleichmäßig sattorangerot gefärbtes Kaninchen. Diesem Zuchtziel sind natürlich von der Genetik Grenzen gesetzt, das mussten die Herauszüchter sehr früh feststellen. Das infolgedessen deutlich revidierte Zuchtziel beinhaltet heute nur ein rotwildfarbiges Tier im Typ des Kleinchinchilla.

Geschichtliches
Richard Bennack aus Röhrsdorf bei Meißen beschloss 1925, „Goldhasen“, also goldgelbe Tiere mit gelber Bauchfarbe vom Typ des KlCh, zu erzüchten. Er paarte zunächst einen strohgelben Kreuzungsrammler mit einer zeichnungslosen, fast

ausschließlich gelben Japaner-Häsin, kreuzte nach und nach eine Gelbsilber-Häsin sowie Havanna, Kleinchinchilla, Schwarzloh und schließlich Rote Neuseeländer ein. Die Kriegsereignisse unterbrachen die Zucht; sein Sohn begann dann mit den restlichen Tieren die Zucht von Neuem. Anlässlich der Siegerschau 1952 in Leipzig stellte er die ersten Tiere aus. 1961 wurde die Rasse in den (gesamtdeutschen) Standard aufgenommen. Zum ersten Mal war die Rasse in der Bundesrepublik 1960 in Hamm zu sehen.

Die Rasse ist heute nicht sehr stark verbreitet. Züchterische Schwierigkeiten bereiten insbesondere die oft recht schwachen Formen, die häufig durch hoch stehende Hüftknochen auffallen, aber auch die Farben, die sich durch schwarzen Anflug und dunkle Ohrenränder auszeichnen – ein hartnäckiger, besonders zählebiger Fehler. Seit ein paar Jahren zeigt die Rasse jedoch einen deutlichen Aufwärtstrend.

Körperform, Typ, Bau, Stellung, Fellhaar

Gewicht: 2,25 bis 2,75 kg, Normalgewicht 2,75 kg und mehr, Höchstgewicht 3,25 kg.
Form, Stellung: Kurz, gedrungen, Stellung knapp mittelhoch.
Kopf: Kurz, Stirn und Schnauze breit, Backen gut entwickelt.
Ohren: Kurz, breit, oben gut gerundet, fleischig, voll behaart.
Rumpf: Walzenförmig, breit, tief gefüllt, Hinterpartie gut abgerundet; Hals und Nacken sind kaum sichtbar.
Rücken: Rückenlinie ebenmäßig, Becken gut gerundet.
Läufe: Verhältnismäßig kurz, kräftig.
Fellhaar: Mittellang (2,5 bis 3 cm), dicht und weich, gleichmäßig begrannt.

Häsin: Insgesamt etwas zierlicher als der Rammler und frei von Wammenbildung. Bei älteren Häsinnen ist Wammenansatz zulässig.
L. F.: Wammenansatz.
S. F.: Wamme.

Farbe

Die **Deckfarbe** ist breit, rein und leuchtend intensiv rotgelb. Sie soll sich gleichmäßig über den gesamten Körper erstrecken, also auch an Kopf, Ohren, Brust, Läufen und an der Bauchpartie vorhanden sein. Die Bauchpartie darf etwas heller sein; eine cremefarbene Unterseite der Blume ist zulässig. Die Augen sind braun, die Krallen hornfarbig, je dunkler desto besser.
L. F.: Etwas helle Deckfarbe; leichter heller oder dunkler Anflug der Ohrenränder; etwas fleckige Deckfarbe; etwas helle oder dunkle Brust; Schenkel oder Vorderläufe.
S. F.: Zu helle, blasse Farbe; stark mit schwarzen Haaren durchsetzte Decke; schwarze Ohrensäumung; sichtbare weiße Flecken in der Deckfarbe; völlig weiße Bauchfarbe oder Unterseite der Blume.

Die **Unterfarbe** ist etwas blasser als die Deckfarbe. Sie ist von gelblicher, satter Farbe, rein und soll bis zum Haarboden durchgehen.
L. F.: Etwas helle oder durchsetzte Unterfarbe.
S. F.: Stark unreine oder fehlende Unterfarbe.

Allgemeines

Das Sachsengold ist eine kleinrahmige Wirtschaftsrasse: robust, frohwüchsig, fruchtbar. Die Aufzucht erfolgt meist verlustfrei. Bei reichlicher Fütterung verfetten die Tiere allerdings leicht. Dieser Rasse würden noch einige Züchter mehr guttun. Durch Vergrößerung der Selektionsbasis und gezielte Inzucht mit dem vorhandenen Tiermaterial dürften sich nachhaltige Verbesserungen erzielen lassen. Fremdeinkreuzungen sollten in jedem Fall unterbleiben. Auch wenn die hervorragenden Körperformen so mancher Kleinrasse hierzu verlocken, so fatal würden sich solche auf die genetisch äußerst komplizierte Sachsengoldfarbe auswirken.

1,0 Sachsengold

Rhönkaninchen (Rh)

Allgemeines

Zuchtziel ist ein kleines Kaninchen, das die Farbe des Birkenstammes trägt. Genetisch ließ sich dieses realisieren durch Kombination des Japanerfaktors, der die flächenmäßige Abgrenzung roter und dunkler Pigmente bewirkt, mit dem Chinchillafaktor, der die Ausbildung gelber Pigmente verhindert.

Geschichtliches

Im Ausland gab es schon länger Kaninchen dieser Färbung. In Deutschland wurde die Rasse in den 1970er-Jahren von Becker, Stadtlengsfeld, herausgezüchtet. Parallel beschäftigten sich in Ost- und Westdeutschland mehrere Züchter mit der Rasse, sodass aufgrund der sehr hohen Qualität der Tiere die Rasse recht schnell anerkannt wurde. 1981 wurde sie in der damaligen DDR, 1986 in Westdeutschland anerkannt.

Auch heute wissen die Tiere durch schöne Formen anzusprechen, farblich gilt es jedoch noch einiges zu verbessern.

Körperform, Typ, Bau, Stellung, Fellhaar

Gewicht: 2,25 bis 2,75 kg, Normalgewicht 2,75 kg und mehr, Höchstgewicht 3,25 kg.

Form, Stellung: Kurz, gedrungen, walzenförmig, knapp mittelhohe Stellung.

Kopf: Mit breiter Stirn und Schnauze, ohne sichtbaren Hals am Körper angesetzt; Kinnbacken gut ausgeprägt.

Ohren: Zur Form passend, gut aufgesetzt, sehr dickfleischig, an den Enden gut gerundet.

Rumpf: Von hinten bis vorn gleich breit.

Rücken: Rückenlinie ebenmäßig, Hinterpartie gut abgerundet.

Läufe: Kurz und kräftig, breit gestellt.

Fellhaar: Das Fell ist mittellang im Haar, dicht und vollgriffig mit dichter Unterwolle und gleichmäßiger, kräftiger, aber nicht zu langer Begrannung.

Häsin: Die Häsin unterscheidet sich nicht wesentlich vom Rammler. Bei älteren Häsinnen wird ein Wammenansatz toleriert.

Farbe und Zeichnung

Die Zeichnung entspricht dem Aussehen eines Birkenstammes, wobei die weiße Grundfarbe überwiegt! Die Zeichnung besteht aus grauen bis schwarzgrauen Flecken, Streifen und Spritzern, die am ganzen Körper verteilt sein müssen; Kopf, Ohren und Läufe sind mit einbezogen. Die Blume darf einfarbig oder schwarzgrau sein. Die Farbe besteht aus der weißen Grundfarbe, die das Zeichnungsbild dominiert, und der oben angesprochenen Zeichnungsfarbe, die umso wertvoller

ist, je intensiver sie ist. Die Augen sind braun, die Krallen sind hornfarbig, entsprechend der Farbe der Läufe und Zehen heller oder dunkler.
L. F.: Fehlen der Zeichnung an einem Ohr oder an beiden Läufen; angedeutete Japanerzeichnung; unterbrochener „Spaltkopf"; leichtes Überwiegen der dunklen Zeichnungsfarbe; helle Zeichnungsfarbe; Rostanflug.
S. F.: Gänzliches Fehlen der Farbflecken an beiden Ohren oder am Kopf; ausgeprägter Spaltkopf; zu große weiße oder dunkle Flecken, die ein Viertel des Körpers bedecken.

Allgemeines

Die Preisrichter sollten die Tiere nach dem Standard bewerten. Oft werden die mittleren bis dunkleren Tiere den „fast idealen" hellen gegenüber noch vorgezogen. Imponierend sind jedoch bei vielen Tieren der Rasse Form, Kopf und Ohren, sicherlich ein Erbe sehr guter Kleinchinchilla-Kaninchen, die bei der Herauszüchtung der Rasse Pate standen. Die relativ junge Farbe der Rhönkaninchen ist sehr beliebt und wurde in den letzten Jahren auf eine große Zahl anderer Rassen übertragen.

1,0 Rhönkaninchen

Luxkaninchen (L)

Zuchtziel

Luxkaninchen sind eine fehwildfarbige Kleinrasse. Bezüglich Fellqualität und auch Farbe zeigt die Rasse einen Qualitätsstand, der sich durchaus sehen lassen kann. In der Form hingegen sind viele Tiere noch deutlich vom angestrebten Zuchtziel entfernt.

Geschichtliches

Die Rasse verdankt, wie andere auch, ihre Entstehung dem Zufall. Karl Hoffmann, Düsseldorf, erhielt 1918 aus der Kreuzung von Marburger Feh und Perlfeh einige gelbliche Tiere. Auf den Rat einer Putzmacherin hin züchtete Hoffmann mit diesen Tieren weiter. 1919 zeigte er die Rasse in Düsseldorf zum ersten Mal der Öffentlichkeit. 1922 wurde sie anerkannt und fand rasch Freunde. Den ursprünglichen Namen Luchs änderte man in Lux (= Licht), da die Fellfarbe der des echten Luchses nur entfernt ähnelt. Die Verbreitung der Rasse ist auch heute noch eher schwach. Die Qualität der Tiere ist zum Teil mit Ausnahme der meisten Körperformen recht gut.

Körperform, Typ, Bau, Stellung, Fellhaar

Gewicht: 2 bis 2,5 kg, Normalgewicht 2,5 kg und mehr, Höchstgewicht 3,25 kg.
Form, Stellung: Leicht gedrungen, Bemuskelung wenig augenfällig, im Ganzen zart; Stellung mittelhoch.
Kopf: Dem Körper entsprechend kurz und breit.
Ohren: Fleischig und gut behaart, harmonisch dem Körper entsprechend.
L. F.: Etwas lange oder faltige Ohren.
Rumpf: Walzenförmig, nur leicht gedrungen wirkend, keinesfalls plump. Brust- und Hinterpartie angemessen breit, Nacken und Hals kaum sichtbar.
Rücken: Hinterpartie gut abgerundet, Rückenlinie ebenmäßig.
Läufe: Feingliedrig, mäßig lang.
Fellhaar: Unterwolle dicht, Begrannung fein und gleichmäßig, Fellhaar nicht ganz mittellang.

Häsin: Die Häsin ist insgesamt etwas zierlicher und wammenfrei.

Farbe

Die **Deckfarbe**, ausgenommen die Wildfarbigkeitsabzeichen, ist ein silbriges helles Blau, durch das die braunrote Zwischenfarbe schwach hindurchschimmert. Der Keil im Genick ist braunrot, doch schwach ausgeprägt, die Augeneinfassungen sind etwas heller. Die Kinnbackeneinfassung ist weiß, Bauchdeckfarbe, Innenseiten der Läufe sowie die Unterseite der Blume sind hell bis weiß. Die Augen sind graublau, je nach Lichteinfall leicht rötlich durchleuchtend, die Krallen sind hornfarbig.

L. F.: Geringe Abweichungen in der Deckfarbe; helle Binden; leichter Rost.
S. F.: Stark weiß durchsetzte Decke; sichtbare weiße Flecken in der Deckfarbe; starker Rost.

Die **Zwischenfarbe** ist 6 bis 8 mm breit, braunrot und scharf abgegrenzt.
L. F.: Etwas schwache oder schmale Zwischenfarbe.
S. F.: Fehlende Zwischenfarbe.

Die etwa 1 cm breite **Unterfarbe** ist reinweiß, die Bauchunterfarbe bläulich. Die einzelnen Farbzonen des Felltrichters am Oberkörper müssen klar in Erscheinung treten.
L. F.: Nicht ganz reine Unterfarbe; schwache Bauchunterfarbe.
S. F.: Andere als weiße Unterfarbe; fehlende bläuliche Bauchunterfarbe in der gesamten Bauchlänge.

Allgemeines

Die Verbreitung der Rasse ist (noch) unterschiedlich; sie hat mehr Freunde in Nord- und Westdeutschland als im Süden. Gut verbreitet ist sie auch in Mitteldeutschland.

1,0 Luxkaninchen

Während ihrer Entwicklung verändern die Tiere einige Male ihre Farbe. So kommt es vor, dass die sonst reinweiße Unterfarbe während der Haarung bläulich wird. Insbesondere Jungtiere zeigen anfangs eine blaue Rückenunterfarbe, die jedoch den Züchter nicht beunruhigen sollte. So präsentieren sie sich nach dem Haarwechsel in ihrer schönen, pastellartigen Farbe.

Die Rasse hätte eine größere Verbreitung verdient. Die Farbe bereitet züchterisch keine großen Schwierigkeiten, wohl aber die Körperform: Viele Tiere zeigen eine knochige Hinterpartie, eine übermäßige Verjüngung oder schwache, durchgetretene Vorderläufe. Konsequente Selektion ist hiergegen das beste Mittel.

Perlfeh (Pf)

Zuchtziel

Zuchtziel ist ein leicht gedrungenes, blauwildfarbiges Kaninchen. Die rassetypische Perlung, die diesen Kaninchen ihren Namen gegeben hat, entsteht dabei durch die Anordnung blau gespitzter und cremefarben gespitzter Grannenhaare.

Geschichtliches

Der Düsseldorfer Züchter Karl Hoffmann, dem das Luxkaninchen zu verdanken ist, ist auch der Erzüchter dieser Rasse. Neben ihm erzüchtete Karl Deininger, Augsburg, ein Fehkaninchen, das sich von dem Perlfeh Hoffmanns nur wenig unterschied. Bei der Neufassung der Bewertungsbestimmungen von 1936 wurden deshalb beide Feharten, auch weil ihre Züchter das gleiche Ziel verfolgten, unter der Bezeichnung „Perlfeh" zu einer Rasse vereinigt. Heute ist das Perlfeh eine gut durchgezüchtete, verbreitete Kleinrasse, die sich durch viele hervorragende Fellträger besonders auszeichnet.

Körperform, Typ, Bau, Stellung, Fellhaar

Gewicht: 2 bis 2,5 kg, Normalgewicht 2,5 kg und mehr, Höchstgewicht 3,25 kg.
Form, Stellung: Der Körper ist gedrungen, die Flanken sind gut gefüllt. Die Stellung ist knapp mittelhoch.
Kopf: Kurz, Stirn und Schnauze breit.
Ohren: Länge der Körpergröße entsprechend, fleischig, straff aufgerichtet getragen, gut behaart.
Rumpf: Breit, walzenförmig, Nacken und Hals treten nicht in Erscheinung; Brust zwar breit, aber ohne lose Fellhaut.
Rücken: Breit, Hinterpartie gut abgerundet, Rückenlinie ebenmäßig.
Läufe: Zierlich, breit gestellt, Vorderläufe gerade.
Fellhaar: Sehr dicht und vollgriffig, kräftig begrannt.

Häsin: Durch den schnittigeren Kopf und die zierlicheren Läufe soll das Geschlecht zu erkennen sein. Die Häsin ist wammenfrei.

Farbe

Die **Deckfarbe** ist blaugrau (blauwildfarbig) und kommt in den Abtönungen hell, mittel und dunkel vor; die mittlere Nuancierung wird vorgezogen. Etwas heller als die Decke sind Augenringe, Kinnbackeneinfassung, Brust und Läufe. Der kleine Keil ist bräunlich, die Bauchdeckfarbe erscheint hell bis hellgrau. Der Eindruck der Perlung wird durch cremefarben und blau gespitzte Grannenhaare hervorgerufen; sie soll klar in Erscheinung treten. Die Augen sind blaugrau, die Krallen hornfarbig.
L. F.: Stark von der mittleren Nuancierung abweichende Deckfarbe; grobe, fleckige Perlung; helle Brust und Vorderläufe; Binden; großer Keil; leichter Rost; etwas weiß durchsetzte Decke.
S. F.: Zu dunkle oder ganz helle Deckfarbe ohne Perlung; stark weiße Durchsetzung der Decke; starker Rost; weiße Abzeichen.

Gleichmäßigkeit von Deckfarbe und Perlung über Rücken, Seiten und Flanken, über Kopf, Ohren, Brust, die oberen Spitzen der Läufe und Blume ist zu fordern.

1,0 Perlfeh

Die schmale **Zwischenfarbe** ist bräunlich; sie ist von Deck- und Unterfarbe nicht klar getrennt. Zwei Drittel der Haarlänge erfasst die blaugraue **Unterfarbe**.
L. F.: Schwache, verschwommene oder leicht durchsetzte Zwischen- oder Unterfarbe; fehlende blaugraue Bauchunterfarbe bei älteren Häsinnen.
S. F.: Fehlende Zwischen- oder Bauchunterfarbe; stark durchsetzte, unreine Unterfarbe.

Allgemeines

Das Perlfeh ist ein sehr guter Fellträger. Probleme ergeben sich zum Teil beim Bewerten aus der extrem dichten Behaarung der Brust, wenn sich im Kehlbereich ein Haarstoß bildet, der teilweise als Wammenansatz fehlinterpretiert wird. Der Züchter sollte großen Wert auf eine schöne, gleichmäßige Perlung legen, denn das Fell kann naturfarben sowohl mit hellen Längsstreifen der Bauchfarbe als auch ohne diese getragen werden. Die Farbenzucht bereitet kaum Schwierigkeiten, da die Blauwildfarbe rein vererbt wird. Sie ist auch weniger als andere zarte Farben dem Rost unterworfen.
Ein hartnäckiger Fehler sind jedoch die Binden. Während insgesamt zu dunkle, fast einfarbig blaue Tiere sie meist nicht zeigen, sind beinahe alle gut geperlten Tiere damit behaftet. Hier sollte also bei der Bewertung nicht übertrieben vorgegangen werden – die gute Perlung ist allemal wichtiger. Es reicht völlig aus, nur die Tiere mit durchgehenden Binden oder mit völlig weißen Bindenansätzen zu strafen, aber nicht die Tiere mit cremefarbenen Bindenansätzen.

Kleinsilber (KlS)

Zuchtziel

Zuchtziel ist ein kleines, gedrungenes, muskulöses Kaninchen mit gutem, griffigem Fell und einer feinen, gleichmäßigen Silberung. Anerkannt sind sechs Farbenschläge, die als gesonderte Rassen bewertet werden müssen.

Geschichtliches

Bereits 1631 nannte der Engländer Markham Grausilber als Fellrasse. Darwin erwähnte auch silbergraue Kaninchen, von denen eine mittlere Silberung vorgezogen wurde. Silberkaninchen sind seit Langem auch in Frankreich, namentlich in der Champagne, bekannt. 1892 gelangten Silberkaninchen zum ersten Mal nach Deutschland und wurden zur Moderasse. Um 1900 erschien die erste Rassebeschreibung, zwischen 1904 und 1906 wurden in Gera und Leipzig die ersten Silberspezialklubs gegründet. Die Verbreitung der Rasse stieg ständig an.
Anfang der 1930er-Jahre stand das Kleinsilber an der Spitze der gezüchteten Rassen. Der Status einer Wirtschaftsrasse aber blieb ihm in dieser Zeit versagt. Heute

ist es beliebt wie eh und je. Alle Farbenschläge zeigen heute eine recht gute Verbreitung, wobei jedoch nach wie vor die Schwarzen und Gelben dominieren. Qualitativ jedoch haben die selteneren Farbenschläge aufgeschlossen. Wir finden heute in jedem Farbenschlag neben weniger vorzeigbaren Tieren auch solche, die kaum noch Wünsche offen lassen.

Körperform, Typ, Bau, Stellung, Fellhaar

Gewicht: 2 bis 2,5 kg, Normalgewicht 2,5 kg und mehr, Höchstgewicht 3,25 kg.
Form, Stellung: Kurz und gedrungen, mittelhohe Stellung.
Kopf: Der Kopf ist kurz und kräftig, mit breiter Stirn und Schnauze, ohne sichtbaren Hals direkt am Körper angesetzt.
Ohren: Dem Körper entsprechend kurz, fleischig, gut behaart, straff aufgerichtet getragen.
Rumpf: Walzenförmig, Brust- und Hinterpartie breit, muskulös und gut gerundet.
Rücken: Breit, Rückenlinie ebenmäßig, hinten gut gerundet.
Läufe: Feingliedrig, jedoch nicht zu schwach, um den Körper zu tragen; nicht ganz mittellang.
Krallen: Hornfarbig bei Gelben; schwarzbraun bei Schwarzen; sonst dunkel.
S. F.: Zweierlei oder farblose Krallen.
Fellhaar: Etwa 2,5 cm lang, sehr dicht; gut und gleichmäßig, aber nicht zu kurz begrannt.

Häsin: Etwas feiner als der Rammler; der Kopf schnittiger; wammenfrei.

Farbe

Anerkannt sind die Farbenschläge **Schwarz, Gelb, Graubraun, Blau, Havannafarbig** und **Hell**.

Die **Silberung** wird bei allen Farbenschlägen durch weiß gespitzte Grannenhaare hervorgerufen. Je nach dem Grad des Vorhandenseins der weiß gespitzten Grannen entsteht eine dunklere, eine hellere oder eine mittlere Silberung. Deckfarbe und Silberung sollen am gesamten Tier einschließlich Kopf, Ohren, Läufen und Blume, gleichmäßig vorhanden sein, natürlich mit Ausnahme der Wildfarbigkeitsabzeichen bei den Gelben und Graubraunen.

Kleinsilber (KlS) schwarz

Die **Deckfarbe** ist schwarz, glänzend, mit weiß gespitzten Grannen durchsetzt. Die Bauchfarbe ist etwas matter. Die **Unterfarbe** ist dunkelblau. Die Augen sind dunkelbraun, die Krallen schwarzbraun.
L. F.: Leicht schwache, grobe oder flockige Silberung; etwas dunkler Kopf, dunkle Schnauze, Ohren, Läufe und Blume; etwas heller Kopf, helle Brust, Läufe oder

0,1 Kleinsilber, schwarz

Ohren; leichter Rost, leichte Durchsetzung der Unterfarbe; Unterfarbe etwas hell abgesetzt am Haarboden; Krallen etwas hell.
S. F.: Fehlende Silberung an Kopf, Ohren und Brust; völlig helle Brust oder Vorderläufe; sichtbare weiße Büschel in der Deck- oder Unterfarbe; weiße Unterfarbe an der Haarwurzel; starke Durchsetzung der Unterfarbe; starker Rost.

Kleinsilber (KlS) blau

Die **Deckfarbe** ist sattmittelblau, glänzend, weiß gesilbert, die Bauchdecke erscheint etwas matter. Die **Unterfarbe** ist etwas heller als die Deckfarbe. Die Augen sind graublau, die Krallen dunkel.
L. F.: Siehe Kleinsilber schwarz; außerdem leichter brauner Anflug in der Decke; etwas dunkle Deckfarbe; hellblaue, melierte Deckfarbe.
S. F.: Schwärzlicher Anflug; braune Augen; ansonsten siehe Kleinsilber schwarz.

Kleinsilber (KlS), havannafarbig

Die **Deckfarbe** ist tiefbraun, glänzend, weiß gesilbert. Die Bauchfarbe erscheint etwas matter. Die **Unterfarbe** ist blau. Die Augen sind braun, je nach Lichteinfall rot durchleuchtend. Die Krallen sind dunkel.
L. F.: Etwas dunkle oder helle (melierte) Deckfarbe.

1,0 Kleinsilber, blau

1,0 Kleinsilber, havannafarbig

Kleinsilber (KlS), gelb

Die Farbe ist gelbwildfarbig. Die **Deckfarbe** ist sattgelb, glänzend, gesilbert. Die Wildfarbigkeitsabzeichen (Augeneinfassung, Kinnbackeneinfassung, Bauch, Blumenunterseite) sind cremefarben bis weiß, wobei eine satte Cremetönung vorzuziehen ist. Besonders sorgfältig sollte auch die Gleichmäßigkeit der Silberung geprüft werden. Die Unterfarbe ist kräftig gelb. Die Augen sind braun, die Krallen hornfarbig, je dunkler, desto besser.

L. F.: Leichte Durchsetzung mit schwarz gespitzten Grannen (dunkler Anflug); leicht dunkle Ohrenränder; blasse Deckfarbe; hell abgesetzte Flanken und Schenkel; schwach gesilberter Kopf und Blume; ansonsten wie Kleinsilber schwarz.

S. F.: Ausgeprägter dunkler Anflug; graublaue Augenfarbe (nicht selten); ansonsten wie Kleinsilber schwarz.

1,0 Kleinsilber, gelb

Kleinsilber (KlS), graubraun

Die **Deckfarbe** ist grau und gesilbert. Sie entspricht den Farbenschlägen Wild- und Hasengrau der grauen Kaninchenrassen, zeigt jedoch aufgrund der feineren, gleichmäßigeren und kürzeren Begrannung nicht deren ausgeprägte Schattierung. Augeneinfassung, Kinnbackeneinfassung und Genickkeil sind hellbraun bis cremefarben, Bauchdecke und Blumenunterseite sind weiß.

L. F.: Deckfarbe an Flanken und Schenkeln deutlich heller abgesetzt; Kopf und Blumenoberseite schwächer gesilbert.

0,1 Kleinsilber, graubraun

Die **Zwischenfarbe** ist leuchtend rotbraun, bis zu 6 mm breit und klar abgegrenzt.
L. F.: Schwache Zwischenfarbe; schmale Zwischenfarbe.
S. F.: Fehlende Zwischenfarbe.

Die **Unterfarbe** ist dunkelblau, am Bauch blau. Die Augen sind braun, die Krallen sind dunkel.
L. F.: Leicht durchsetzte oder zum Haarboden aufhellende Unterfarbe; Bauchunterfarbe nur im Brust- und Schoßbereich.
S. F.: Fehlen der Bauchunterfarbe am gesamten Bauch,

Kleinsilber (KlS), hell

Die **Deckfarbe** erscheint bläulich weiß, silberartig. Sie wird überragt von den am gesamten Körper gleichmäßig verteilten, glänzenden schwarzen Stichhaaren, die das übrige Fell um etwa 6 bis 8 mm überragen. Die Bauchfarbe erscheint etwas matter. Die Unterfarbe ist dunkelblau, frei von weißer Durchsetzung und reicht bis zum Haaransatz. Aufgrund der großen Anzahl der Silberungsfaktoren bleicht die Farbe schneller aus als bei anderen Kaninchenrassen, was bei der Bewertung Rücksicht finden sollte. Die Augen sind braun, die Krallen schwarzbraun.

1,0 Kleinsilber, hell

L. F.: Schwache oder ungleichmäßige Silberung und Stich; etwas dunkle Ohren, Schnauze, Läufe oder Blume; durchsetzte, blasse oder in Zonen abgegrenzte Unterfarbe.
S. F.: Fehlen der Stichhaare; extrem helle Deckfarbe ohne Blauton (sogenannte Mehlsäcke); völlig dunkler Kopf; weiße Büschel in der Decke; starker Rost; weiße Unterfarbe.

Allgemeines

Kleinsilber sind sehr lebhaft, aber leider zuweilen sogar bissig. Jungtiere müssen früh abgesetzt werden und Einzelbuchten bekommen, um zu verhindern, dass die Tiere sich Bissverletzungen zufügen, in denen dann wegen der Hautverletzungen auch besonders häufig weiße Büschel wachsen. Silberkaninchen werden voll pigmentiert geboren. Sie beginnen mit der ersten Haarung mit etwa vier Wochen durchzusilbern. Fertig sind sie mit ungefähr fünf bis fünfeinhalb Monaten nach der zweiten Haarung. Dann sollten sie auch ausgestellt werden, denn jede weitere Haarung bringt jetzt wieder Pigmentverlust mit sich, der besonders bei der Unterfarbe zutage tritt.
Der dunkle, mittlere und helle Schlag sind nebeneinander zugelassen; der mittlere entspricht jedoch am ehesten dem Zuchtziel. Züchterisch sollte jedoch auf den hellen Schlag bei allen dunklen Kleinsilberrassen verzichtet werden, weil diese Tiere aufgrund der vielen Silberungsfaktoren bereits deutliche Defizite in der Pigmentierung zeigen.

Englische Schecken (ESch)

Zuchtziel

Zuchtziel ist ein kleines, elegantes, leicht gestrecktes Kaninchen mit der typischen Kettenzeichnung. Es hebt sich von den übrigen Rassen des Gewichtsegments nicht nur durch die ureigene Zeichnung, sondern auch durch die elegante Form deutlich ab.

Geschichtliches

Die Englische Schecke ist neben dem Holländerkaninchen die älteste der Scheckenrassen. Die Engländer sind Meister der Sportzucht; sie haben auch diese Rasse aus gescheckten Hauskaninchen erzüchtet. Im Jahre 1900 hatte Leo Courtain die ersten Tiere importiert und gemeinsam mit Hans Otto den ersten Klub gegründet und die ersten Bewertungsrichtlinien ausgearbeitet. Die Förderung der Wirtschaftsrassen in den 1930er-Jahren bewirkte einen fühlbaren Rückschlag. Heute ist die Rasse gut verbreitet und spricht insbesondere auch wegen der sehr schönen Formen und Felle, die man bei ihr nicht selten findet, an. Dieses stärkere Verlegen des züchterischen Gewichts auf die Form muss schon begrüßt werden, auch wenn es in der Zeichnung dadurch etwas Stagnation gibt. Viele Tiere sind heute einfach etwas grob gezeichnet.

1,0 Englische Schecken, blau-weiß

Körperform, Typ, Bau, Stellung, Fellhaar

Gewicht: 2 bis 2,5 kg, Normalgewicht 2,5 kg und mehr, Höchstgewicht 3,25 kg.
Form, Stellung: Sporttyp nach englischem Muster, soll deutlich gestreckter als die anderen kleinen Rassen und elegant erscheinen; Stellung auf feinen Gliedmaßen mittelhoch.
Kopf: Etwas länglich, Stirn jedoch breit.
Ohren: Fein, straff aufgerichtet, schön gerundet, nicht zu fleischig, gut behaart.
Rumpf: Leicht gestreckt, harmonisch, Halspartie ist sichtbar.
Rücken: Hinten gut abgerundet, Rückenlinie ebenmäßig.
Läufe: Feingliedrig, mittellang.
Fellhaar: Mit 2,5 cm nicht ganz mittellang, mit dichter Unterwolle und feiner, gleichmäßiger Begrannung versehen.

Häsin: Die Häsin ist durch ihren etwas feineren Körperbau und einen schnittigeren Kopf vom Rammler klar zu unterscheiden. Sie ist wammenfrei.

Farbe

Anerkannt sind die Farbenschläge **Schwarz-Weiß, Blau-Weiß, Thüringerfarbig-Weiß** und **Dreifarbig**.

1,0 Englische Schecken, thüringerfarbig-weiß

Die Grundfarbe in Deck- und Unterfarbe ist reinweiß. Die Zeichnungsfarben Schwarz und Dunkelblau sind rein, nicht mit andersfarbigen Haaren durchsetzt und glänzend. Die Thüringerfarbe ist gelblich braun und erscheint wie mit einem rußigen Anflug überzogen. Er tritt an Kopf, Ohren und Nasenrücken am stärksten in Erscheinung. Die Ketten sind, der Thüringerfarbe entsprechend, heller. Die Zeichnungsfarben Schwarz und Gelb der Dreifarbigen sind rein, intensiv und mit anderen Farben nicht durchsetzt. Die Augen sind beim schwarz-weißen, beim thüringerfarbig-weißen und beim dreifarbigen Farbenschlag braun, beim blau-weißen blaugrau. Die Krallen sind bei allen Farbenschlägen pigmentlos (weiß).

L. F.: Gelblicher Anflug in der Grundfarbe; unreine oder mit weißen Haaren leicht durchsetzte Zeichnungsfarbe und Ohrenränder; weiße Flecken in der geschlossenen Seitenzeichnung; leichte Abweichung der Zeichnungsfarbe; eine einzelne farbige Kralle.
S. F.: Stark unreine, mit weißen Haaren durchsetzte Zeichnung; zweierlei Zeichnungsfarben; mehr als eine farbige Kralle.

Das Zeichnungsbild setzt sich zusammen aus der Kopf- und der Rumpf- oder Körperzeichnung.

1,0 Englische Schecken, schwarz-weiß

Kopfzeichnung

Die Kopfzeichnung besteht aus Schmetterling, Augenringen, Backenpunkten und Ohrenzeichnung. Der Schmetterling erstreckt sich, gut ausgeprägt, mit seinen voll gerundeten Flügeln etwa von der Mitte des Nasenrückens symmetrisch über die Mundwinkel und fasst den Unterkiefer an den Seiten schmal ein. Der Ausläufer auf der Mitte des Nasenrückens, der Dorn, ist leicht gerundet. Die Augenringe sind geschlossen und gleichmäßig breit. Die oben am Augenring auftretende kleine Zacke gilt nicht als Fehler. Die Backenpunkte stehen frei unter den Augenringen; sie sind rund oder oval geformt. Die Ohrenzeichnung ist an der Ohrenwurzel übergangslos abgegrenzt; ein kleiner Ausläufer der Ohrenzeichnung in der Stirnmitte bleibt unberücksichtigt.
L. F.: Gezackter Schmetterling; unschöner Dorn; fleischfarbener Lippenspalt; schwache seitliche Unterkiefereinfassung; ungleiche, grobe Augenringe; unreine Ohrenansätze, unreiner Kopf (Spritzer).
S. F.: Unvollständiger Schmetterling wie fehlender Dorn, große Zacken in den Schmetterlingsflügeln u. a.; gänzlich fehlende Unterkiefereinfassung; am Unterkiefer geschlossener Schmetterling; weiße Nasenspitze; weißer Lippenspalt; ein- oder beidseitig anhängender Backenpunkt; Fehlen eines oder beider Backenpunkte; doppelter Backenpunkt ein- oder beidseitig; nicht geschlossener Augenring; mit dem Schmetterling oder der Ohrenzeichnung zusammenhängender Augenring;

0,1 Englische Schecken, dreifarbig

weiße Flecken im Augenring, im Schmetterling oder in der Ohrenzeichnung; Fehlen eines Zeichnungsmerkmals.

Rumpfzeichnung

Die Rumpfzeichnung besteht aus Aalstrich, den beidseitigen Ketten und den Seitenflecken. Der Aalstrich zieht sich, im Nacken unmittelbar hinter den Ohren beginnend, klar und gleichmäßig begrenzt wie ein Pinselstrich in einer Breite von etwa 2 cm über den Rückenfirst bis zur Blumenspitze. Die Kettenzeichnung setzt im Nacken seitlich hinter den Ohrwurzeln an und verläuft in Form feiner Punkte in Doppelreihe schräg oder leicht gewölbt bis in die Weichen. Dort werden die Flecken größer und bilden den Übergang zu den Seitenflecken. Diese kleinen, einzeln frei stehenden Flecken bedecken die Lenden- und Schenkelpartie. Etwa vorhandene Flecken an Brust, Bauch, Läufen und Unterseite der Blume sind bei der Bewertung nicht zu berücksichtigen.
L. F.: Gezackter oder ungleichmäßiger, breiter oder schmaler Aalstrich; Unterbrechung des Aalstrichs vom Genick bis zu den Schulterblättern oder vom Ansatz der Blume bis zur hoch gelegten Blumenspitze; am Aalstrich leicht anhängende Seitenzeichnung; schwache, volle oder ungleichmäßige Seitenzeichnung; schwache, einfache, kurze, breite, ungleichmäßig gehäufte oder stark senkrecht verlaufende Ketten; Unterbrechung der Ketten im Genick, feine oder grobe Ketten.
S. F.: Sichtbare Unterbrechung des Aalstrichs zwischen den Schulterblättern und an der hoch gelegten Blumenspitze; stark mit dem Aalstrich zusammenhängende Seitenzeichnung; beidseitig weniger als drei Kettenpunkte; Fehlen eines Zeichnungsmerkmals.

Allgemeines

Wie alle Scheckenrassen sind auch die Englischen Schecken spalterbig. Allein schon aus diesem Grund ist es wichtig, große Würfe mit zweistelligen Jungtierzahlen anzustreben. Gezielte Linienzucht führt mittelfristig zur Vereinheitlichung der Zeichnung in einem Stamm. Zwar zeigen die am Rumpf etwas grober gezeichneten Tiere regelmäßig bessere Kopfzeichnungen – insbesondere Ohrenansätze –, jedoch sollte man hin und wieder auch einmal ein fein gezeichnetes Tier mit der sogenannten „Erbsenzeichnung“ einsetzen, damit im Stamm die Zeichnung insgesamt nicht zu grob wird. Die Chaplins der Englischen Schecken sind – im Gegensatz zu denen der Punktschecken im Zeichnungstyp der Deutschen Riesenschecke – meist lebensfähig und zeigen in der Entwicklung keine signifikanten Unterschiede zu den gezeichneten und den einfarbig dunklen Tieren.
Eine Verpaarung zweier Typenschecken ist aus Tierschutzgründen nicht mehr statthaft, weil daraus nach Mendel 25 % sogenannte Weißschecken fallen, die nicht lebensfähig sind und spätestens kurz vor Erreichen der Geschlechtsreife verenden. Näheres zu den weiteren seit 2015 in Kraft getretenen Bestimmungen finden Sie auf Seite 22.

Holländer (H)

Zuchtziel

Zuchtziel ist ein kleines, gedrungenes Kaninchen mit einer fest umschriebenen Plattenscheckung, die, weil nur diese Rasse sie zeigt, auch Holländerzeichnung genannt wird. Weil bei der Rasse nicht weniger als zwölf Farbenschläge zugelassen sind, ist ein weiteres erwähnungsbedürftiges Zuchtziel die „reine" Farbe und die Förderung der selteneren Farbenschläge.

Geschichtliches

Bereits auf dem 1401 entstandenen Gemälde des Häußlein von Hagenau „Kaninchen und Frettchen" ist ein Tier abgebildet, das Ansätze einer Holländerzeichnung zeigt. Auch heute treten bei Wildkaninchen relativ häufig Tiere mit Holländermerkmalen auf. Der Holländerfaktor ist also eine relativ häufige Mutationsform.
Als Rasse herausgezüchtet wurden die Holländer im 19. Jahrhundert in England auf der Basis von Brabanter Kaninchen aus Holland. Bereits vor dem Ersten Weltkrieg gab es eine blühende Holländerzucht in Deutschland, die leider durch die Weltkriege und die Einstufung als Sportrasse während der NS-Zeit einen Rückschlag er-

0,1 Holländer, fehfarbig-weiß

fuhr. Heute sind zumindest die schwarz-weißen, grau-weißen und thüringerfarbig-weißen Holländer gut verbreitet.

Körperform, Typ, Bau, Stellung, Fellhaar

Gewicht: 2 bis 2,5 kg, Normalgewicht 2,5 kg und mehr, Höchstgewicht 3,25 kg.
Form, Stellung: Körper kurz und gedrungen, Stellung mittelhoch.
Kopf: Kurz, Stirn- und Schnauzpartie breit.
Ohren: Der Körpergröße entsprechend kurz, fleischig, aufgerichtet getragen, gut behaart.
Rumpf: Walzenförmig, Flanken gut gefüllt; Nacken und Hals treten nicht in Erscheinung.
Rücken: Hinterpartie gut abgerundet, Rückenlinie ebenmäßig.
Läufe: Mittellang und mittelstark.
Fellhaar: Nicht ganz mittellang, mit dichter Unterwolle und guter, nicht zu langer, gleichmäßiger Begrannung versehen.

Häsin: Mit feinem Körperbau und Gliedmaßen, Kopf schnittiger, wammenfrei.

Farbe

Anerkannt sind die Farbenschläge **Schwarz-Weiß, Blau-Weiß, Grau-Weiß** in allen vier Grautönen, **Thüringerfarbig-Weiß, Gelb-Weiß, Havannafarbig-Weiß, Japanerfarbig-Weiß** und **Fehfarbig-Weiß** sowie **Chinchillafarbig-Weiß**.
Die Grundfarbe ist reinweiß, die Zeichnungsbilder sind farbig. Die Bewertung der Zeichnungsfarbe hat nach den Anforderungen an die Farbe der entsprechenden Ausgangsrassen zu erfolgen.
L. F.: Leichte Durchsetzung der Zeichnungsfarbe mit weißen oder andersfarbigen Haaren; Rost; schwache Bauchunterfarbe bei grau-weißen Tieren; leichter grauer Anflug bei gelb-weißen Tieren.
S. F.: Weiße Flecken im dunklen Zeichnungsfeld oder umgekehrt; stark weiß durchsetzte Zeichnungsfarbe; unreine Farbe; viel Rost; andere als die zugelassene Farbe; weiße Bauchunterfarbe außer bei gelb-weißen Tieren.

Kopfzeichnung

Die farbige Kopfzeichnung besteht aus der Backenzeichnung, der Genickzeichnung und den Ohren. Sie beginnt über der Stirn unmittelbar an den Ohren, bedeckt beidseitig gleichmäßig, kugel- oder eiförmig abgerundet die Backen und schließt – wieder nach oben gehend – hinter den Ohren im Genick in leichter Rundung ab; sie darf nicht bis an die Mundwinkel und nicht in die Spürhaare hineinreichen. Durch die farbige Kopfzeichnung ergibt sich auf der Stirn eine weiße Spitze (Blesse), die nach unten zu beiden Seiten des Kopfes gleichmäßig breiter werdend in deutlichem Abstand an den Augen vorbeiführt.

L. F.: Ungleichmäßige oder tiefe Backenzeichnung; leichtes Berühren der Spürhaare; kleine Backenzacken; etwas knapp hinter den Ohren abschließende oder weit ins Genick hineinreichende Genickzeichnung; kleine farbige Ausläufer in die Grundfarbe oder kleine weiße Einläufer in die farbige Zeichnung; infolge ungleichmäßiger, tiefer oder hoch reichender Backenzeichnung etwas breite, stumpfe, gezackte oder schmale Blesse; sehr nahe an den Augen liegende Blessenabgrenzung.
S. F.: Gänzlich schiefe, ungleichmäßige Kopfzeichnung; bis in die Mundwinkel oder stark in die Spürhaare reichende Backenzeichnung; starke, über 3 cm lange farbige Ausläufer in die Grundfarbe bzw. bis in die Ohrenwurzel reichende weiße Einläufer in die Genickzeichnung; zwischen den Ohren durchgehende Blesse; ein oder beide Augen erfassende Blessenabgrenzung.

Rumpfzeichnung

Die farbige Rumpfzeichnung bedeckt die hintere Hälfte des Körpers. Die Abgrenzung der hinteren farbigen Körperhälfte von der vorderen weißen Rumpfhälfte erfolgt kreisförmig in der Mitte des Körpers. Bei den Farbenschlägen Wildgrau-, Hasengrau- und Chinchillafarbig-Weiß ist der geforderte Ring am Bauch in der Deckfarbe nicht sichtbar, doch muss er beim Hineinblasen in das Fellhaar in der Unterfarbe in Erscheinung treten. Beim Farbenschlag Gelb-Weiß darf der Ring am Bauch unterbrochen sein, allerdings ist ein geschlossener Ring vorzuziehen. Die Rumpfzeichnung erfasst außerdem die Hinterläufe bis zur Mitte zwischen Sprung-

1,0 Holländer, schwarz-weiß

gelenk und Zehen; durch die ringförmige Abgrenzung auf dem Mittelfuß ergeben sich weiße Manschetten, welche die vordere Hälfte der Läufe erfassen.
L. F.: Etwas schiefe oder gezackte Ringzeichnung; etwas weit nach vorne bzw. etwas weit nach hinten versetzte Ringzeichnung; etwas weit nach vorne bzw. etwas weit nach hinten versetzte Abgrenzung der Hinterlaufzeichnung, das heißt etwas kurze bzw. etwas lange Manschetten; gezackte oder ungleichmäßige Abgrenzung der Hinterlaufzeichnung.
S. F.: Völlig schiefe Ringzeichnung; Ringzeichnung, die einen oder beide Vorderläufe erfasst bzw. erst auf den Hinterschenkeln beginnt; zu große Ringzacken (über 3 cm); Hinterlaufzeichnung, die einen oder beide Hinterläufe gänzlich bedeckt, das heißt Fehlen einer oder beider Manschetten; zu weit nach vorne bzw. zu weit nach hinten versetzte Abgrenzung der Hinterlaufzeichnung, das heißt zu kurze Manschetten, die nur die Zehen erfassen oder zwischen den Zehen hindurchgehen bzw. zu lange Manschetten, die das Sprunggelenk erreichen.

Allgemeines

Das Holländerkaninchen ist schnellwüchsig, fruchtbar und mastfähig, die Häsinnen sind gute Mütter. Ein gut gezeichnetes und gut vererbendes Zuchttier wird jeder Holländer-Züchter möglichst lange behalten, selbst wenn es fünf oder sechs Jahre alt wird. Die Verpaarung verschiedener Farbenschläge miteinander sollte tunlichst unterbleiben. Ob das bei den Holländern besonders häufige Auftreten falscher Au-

1,0 Holländer, japanerfarbig-weiß

genfarben und von Augenflecken hierauf beruht oder genetisch an die Holländerscheckung gekoppelt ist, lässt sich nicht klären. Jedenfalls sind die Farbenschläge möglichst rein zu züchten. Aufgrund der hohen Spalterbigkeit ist nur immer ein Teil der Jungtiere ausstellungsfähig.

Lohkaninchen (Loh)

Zuchtziel

Zuchtziel ist ein kleines, gedrungenes Kaninchen, das eine Lohzeichnung zeigt. Die Lohzeichnung wird durch den sogenannten Lohfaktor hervorgerufen, der zwar die typischen Wildfarbigkeitsabzeichen bewirkt, nicht jedoch die zonenmäßige Pigmentierung des Einzelhaares mit Deck-, Zwischen- und Unterfarbe. Durch Anhäufen entsprechender Modifikationsgene kommt auch noch die breite, helle Brustzeichnung hinzu, wie wir sie angedeutet auch bei wildfarbigen Tieren finden. Die orangerote „Lohfarbe“ wird durch eine hohe Akkumulation von Gelbverstärkern erreicht.

Geschichtliches

Lohkaninchen sind eine englische Rasse, deren Name bei uns noch in den 1920er-Jahren „Black and Tan“ lautete. Silber-, Holländer- und wilde Gehegekaninchen sollen die Ahnen dieser schönen Rasse sein.

Die ersten Tiere wurden um die Jahrhundertwende von Rottloff, Ehrenfriedersdorf/Sa., nach Deutschland eingeführt. Die Schwarzen sind heute weit verbreitet, Braune und Blaue deutlich seltener, qualitativ jedoch sehr ansprechend.

Körperform, Typ, Bau, Stellung, Fellhaar

Gewicht: 2 bis 2,5 kg, Normalgewicht 2,5 kg und mehr, Höchstgewicht 3,25 kg.
Form, Stellung: Körper gedrungen, weder gestreckt noch mastig; Stellung knapp mittelhoch.
Kopf: Kurz, Stirn breit, Nasenrücken leicht geramst.
Ohren: Dem Körper entsprechend kurz, straff aufgerichtet, fleischig und gut behaart.
Rumpf: Walzenförmig, breit, Vorderpartie gefüllt, Hinterpartie gut gerundet, ohne sichtbaren Hals und Nacken.
Rücken: Rückenlinie ebenmäßig, Hinterpartie gut gerundet.
Läufe: Höchstens mittellang, breit stehend, fein.
Fellhaar: Etwa 2,5 cm lang, dicht in der Unterwolle, gut und gleichmäßig begrannt.

Häsin: Körper, Kopf und Läufe etwas zierlicher als beim Rammler, wammenfrei.

1,0 Lohkaninchen, havannafarbig

1,0 Lohkaninchen, schwarz

Farbe

Zugelassen sind die Farbenschläge **Schwarz, Blau, Havannafarbig** und **Fehfarbig**. Die **Deckfarbe** ist intensiv ausgeprägt und mit gutem Glanz versehen sowie rein und nicht mit andersfarbigen Haaren durchsetzt. Das zart abgetönte, lichte Blau der fehfarbigen Lohkaninchen ist mit einem leicht bräunlichen Schleier überzogen, der an den kürzer behaarten Körperstellen (Kopf, Ohren und Läufen) etwas stärker in Erscheinung tritt. Je intensiver die Deckfarbe ist, desto ausgeprägter tritt die Zeichnung in Erscheinung.

Die **Unterfarbe** ist blau, bei den Fehfarbigen lichtblau, darf jedoch im Bauchbereich nicht durchgängig vorhanden sein. Die Augenfarbe ist bei den schwarzen Tieren braun, bei den blauen und fehfarbigen Tieren blaugrau und bei den havannafarbigen Tieren braun. Die Krallenfarbe ist bei den fehfarbigen hell- bis dunkelhornfarbig, bei den havannafarbigen und blauen dunkelhornfarbig, bei den schwarzen dunkelhornfarbig bis schwarzbraun pigmentiert.

L. F.: Geblümte oder melierte Schnauze; unreiner Kopf (Die bei den Lohkaninchen und lohfarbigen Farbenschlägen anderer Rassen deutlich hervorstehenden und lohfarbig gespitzten Tasthaare auf den Backen dürfen nicht als „unreiner Kopf“ bewertet werden; ein unreiner Kopf liegt beispielsweise dann vor, wenn andersfarbige Haare – weiß oder lohfarbig – an anderen Kopfpartien wie etwa im Stirnbereich vorhanden sind.); leicht mit andersfarbigen Haaren durchsetzte Deckfarbe; ange-

1,0 Lohkaninchen, fehfarbig

deutete Zwischenfarbe (außer im Bereich der Seitenspitzen); cremefarbig aufgehellte Unterfarbe am Bauch; leichter Rostanflug.
S. F.: Stark lohfarbige Schnauzpartie; stark mit weißen oder lohfarbigen Haaren durchsetzte Deckfarbe; sichtbar weißer Fleck (Büschel) in der Deck- oder Zeichnungsfarbe; ausgeprägte Zwischenfarbe; durchgehend blaue Unterfarbe am Bauch; starke Durchsetzung der Vorder- oder Hinterläufe; starker Rostanflug; andere als die vorgeschriebene Augenfarbe; zweierlei oder pigmentlose (weiße) Krallen.

Kopfzeichnung

Die Nasenlöcher sind scharf abgegrenzt und gut lohfarbig eingefasst. Die Kinnbackeneinfassung ist – ebenfalls scharf von der Deckfarbe getrennt – klar lohfarbig und reicht bis zum Genick. Die Augenringe sind nicht zu breit, gut geschlossen und intensiv lohfarbig. Die Ohren sollen eng, aber kräftig lohfarbig umrandet sein; ausgeprägt lohfarbig sind zwei Flecken vorne am Ohrenansatz.
L. F.: Schwache Einfassung der Nasenlöcher; melierte Schnauze; leichte Unterbrechung der Augenringe; ungleichmäßig geformte Augenringe; schwache Kinnbackeneinfassung; nicht durchgehende Kinnbackeneinfassung; weiße Spürhaare; schwach geränderte Ohren.
S. F.: Stark lohfarbige Schnauze.

Rumpfzeichnung

Die lohfarbige Rumpfzeichnung ist scharf abgegrenzt. Die lohfarbige Brustzeichnung ist breit und geht, unter dem Kinn beginnend, zwischen den Vorderläufen hindurch in die Bauchfarbe über. Der Bauch zeigt eine intensive Lohfarbe, entsprechend der unterschiedlichen Deckfarbe der Farbenschläge.
Die etwa 2 cm breite Seiteneinfassung am Körper soll ebenfalls stark hervortreten. In gleicher Weise heben sich die Schoßflecken von der Bauchfarbe ab. Die kräftig hervortretenden lohfarbigen Seitenspitzen sollen sich auf zwei Drittel der Rumpfhöhe am Körper entlang erstrecken und gut abgegrenzt sein. Die Zeichnungsfarbe erfasst auch die Innenseite der Vorderläufe. Die Innenseite der Hinterläufe ist von der Deckfarbe scharf lohfarbig getrennt. An den Vorderläufen treten die lohfarbigen Zehenpunkte deutlich in Erscheinung. Der lohfarbige Genickkeil soll nicht zu groß, leicht abgerundet oder dreieckig und gut abgegrenzt sein.
L. F.: Etwas dunkle, verschwommene oder schmale Brustzeichnung; schwache Brustlohe; blasse Bauchlohe oder Schoßflecken; schwache Seiteneinfassung; ungleich verteilte oder wenig Seitenspitzen; wenig Lohfarbe auf der Blumenunterseite; schwache oder verschwommene Vorder- oder Hinterlaufzeichnung; unschön geformter, langer oder wolkiger Keil.
S. F.: Gänzlich dunkle Brust; völlig fehlende Seitenspitzen oder Seiteneinfassung; gänzliches Fehlen der Vorder- oder Hinterlaufzeichnung oder des Keils; weiße Bauchfarbe; reinweiße Blumenunterseite.

Allgemeines
Lohkaninchen sind weit verbreitet. Die Rasse ist nicht ganz so frohwüchsig wie beispielsweise Kleinsilber, verfettet jedoch auch nicht so schnell. Die braunen und blauen Lohkaninchen verdienen eigentlich mehr Züchter.

Marderkaninchen (M)

Zuchtziel
Zuchtziel ist ein kleines Kaninchen mit der typischen Marderzeichnung. Diese unterliegt einem intermediären Erbgang, wobei nur der spalterbige Typ dem Standardideal entspricht. Nicht zugelassen, aber reinerbig sind hingegen die Dunkelmarder, die fast schwarz oder blau sind.

Geschichtliches
Als Herauszüchter gilt der Gärtnermeister Thomsen aus Hamburg-Stellingen, auch wenn er nicht das Marderkaninchen, sondern ein Opossumkaninchen mit halblangem Fellhaar erzüchten wollte und zu diesem Zweck Blaue Wiener, Hasenkaninchen, Angora, Havanna und Thüringer kreuzte. Als er es mit Kleinchinchilla versuchte, fielen bronzefarbige Marderkaninchen. Ob diese überlieferte Zuchtgeschichte jedoch so zutrifft, muss stark angezweifelt werden, dagegen spricht insbesondere die inzwischen wissenschaftlich abgesicherte Genetik der Marderfarbe. Unabhängig von Thomsen erschienen in England die Sables und in Frankreich die Zibelines, die genetisch mit dem Marderkaninchen identisch sind. Auch heute hat die Rasse nur begrenzte Verbreitung gefunden: Nur wenige, wenn auch engagierte Pioniere betreiben diese Zucht. Bleibt zu wünschen, dass das einmal anders wird.

Körperform, Typ, Bau, Stellung, Fellhaar
Gewicht: 2 bis 2,5 kg, Normalgewicht 2,5 kg und mehr, Höchstgewicht 3,25 kg.
Form, Stellung: Nur leicht gedrungen, mittelhoch gestellt.
Kopf: Kurz, kräftig, dicht am Körper sitzend.
Ohren: Dem Körper entsprechend lang, aufgerichtet getragen, fleischig und gut behaart.
Rumpf: Walzenförmig.
Rücken: Hinterpartie gut abgerundet, Rückenlinie ebenmäßig.
Läufe: Verhältnismäßig kurz und mittelstark.
Fellhaar: Weich, in der Unterwolle dicht, gut, wenn auch nicht zu hart, jedoch gleichmäßig begrannt.

Häsin: Ihr Geschlechtscharakter soll deutlich in Erscheinung treten; sie ist wammenfrei.

0,1 Marderkaninchen, blau

1,0 Marderkaninchen, braun

Farbe

Anerkannt sind die Farbenschläge **Braun** und **Blau** in einer hellen bis mittleren Tönung. Nicht zugelassen sind die dunklen Homozygoten.

Die Deckfarbe ist lichtbraun bzw. -blau und geht an den Seiten und Flanken in eine hellere Abtönung über. Etwas dunkler sind die Schulterpartie und die Hinterschenkel, hell dagegen sind Becken, Brust und Bauch. Die Augen sind braun beim Braunen und graublau beim Blauen, bei beiden je nach Lichteinfall rötlich durchleuchtend. Die Krallen sind dunkel.

L. F.: Etwas dunkle oder fleckige Deckfarbe; leichte Durchsetzung mit weißen Haaren.

S. F.: Ganz dunkle Deckfarbe; starker Rost; stark mit Weiß durchsetzte Deckfarbe; sichtbare weiße Flecken.

Abzeichen

Über den Rücken breitet sich ein dunkler Streifen von etwa 8 cm Breite aus, der an den Flanken in ein Hellbraun bzw. -blau übergeht. Dunkel und ebenfalls nicht scharf begrenzt ist die Maske, die bis in die Augenhöhe reicht. Dunkel sind auch Ohren, Läufe und Blume, dunkel schattiert ist die Augeneinfassung.

L. F.: Unvollständiger Rückenstreifen, große Maske, schwache oder verschwommene Abzeichen, leicht zonenmäßig abgestufte Unterfarbe.

S. F.: Gänzlich dunkler Kopf und Ohren, fehlende dunkle Abzeichen.

Die **Unterfarbe** ist bei beiden Farbenschlägen bläulich und der Deckfarbe entsprechend unterschiedlich intensiv; an den helleren Körperstellen ist sie heller.

L. F.: Unreine, durchsetzte Unterfarbe.

S. F.: Stark unreine oder weiße Unterfarbe.

Allgemeines

Die Rasse ist züchterisch sehr schwierig. Neben der Spalterbigkeit verhindert auch die relativ geringe Selektionsbasis eine breit ausgelegte Verbesserung der Körperformen, die angesichts des vorhandenen Tiermaterials vielfach wünschenswert erscheint. Auch bei dieser Rasse sollten große Wurfstärken angestrebt werden.

Siamesen (Si)

Zuchtziel

Zuchtziel ist ein kleines, gedrungenes Kaninchen, das die Marderzeichnung in Verbindung mit der gelben, nichtwildfarbigen Thüringerfarbe in sich vereint. Ausstellungsfähig sind nur die mittleren, heterozygoten Tiere mit der typischen Marderzeichnung, nicht jedoch die homozygoten Tiere mit der Thüringerzeichnung.

Geschichtliches

Die Rasse ist nach dem Fall der Mauer aus Ostdeutschland zu uns gekommen – zum Glück für einige Züchter, die sich bereits seit einigen Jahren im Status der Neuzüchtung mit Siamesen beschäftigen.

Körperform, Typ, Bau, Stellung, Fellhaar

Hier trifft exakt all das zu, was bereits beim Marderkaninchen beschrieben wurde.

Farbe

Anerkannt sind die Farbenschläge **Gelb** und die **Blau**.
Die **Deckfarbe** der Gelben ist im Bereich der Abzeichen hellgelblich mit einem rußigen Anflug, gebildet von dunkel gespitzten Grannen. Außerhalb der Abzeichen ist sie möglichst hell (schmutzig weiß). Die Deckfarbe der Blauen im Bereich der Abzeichen ist blaucremefarbig, gebildet durch bläulich gespitzte Grannen. Außerhalb der Abzeichen ist sie deutlich heller, nahezu weiß.

Die **Unterfarbe** ist bei beiden Farbenschlägen weißlich. Die Augen sind bei den Gelben braun, bei den Blauen blaugrau, bei beiden Farbenschlägen je nach Lichteinfall rötlich durchleuchtend. Die Krallen sind hornfarbig – je dunkler, desto besser.

1,0 Siamesen, blau

L. F.: Fleckige oder melierte Deckfarbe; leichter Rost, hellhornfarbige Krallen.
S. F.: Starke weiße Durchsetzung; weiße Büschel; zu dunkle Deckfarbe; farblose Krallen.

Abzeichen

Die Abzeichen, die nicht scharf abgegrenzt sein sollen, sind der Rückenstreifen, die dunklen Läufe, die Blume und am Kopf die Maske, die Augeneinfassung und die dunklen Ohren. Der Rückenstreifen ist etwa 8 cm breit und zeigt im Bereich der Schultern deutliche Ausläufer in Richtung Vorderläufe. Am Becken wird er breit und erfasst die Hinterschenkel. Farblich ist er etwas heller als die übrigen Abzeichen.
L. F.: Etwas verschwommene Abzeichen; unvollständiger Rückenstreifen; etwas dunkler Kopf; etwas schwache Abzeichen.
S. F.: Fehlen des Rückenstreifens; völlig dunkler Kopf; Thüringerzeichnung.

Allgemeines

Eigentlich verkörpert diese Rasse nur zwei Farbenschläge des Marderkaninchens. Deshalb dürfte es auch sinnvoll sein, beide Rassen zusammenzufassen. Der Begriff im Standard „Gelbsiamesen" ist streng genommen falsch, es handelt sich bei diesen Tieren zwar um „Gelbmarder", jedoch um „Schwarzsiamesen". Die Blauen sind „Crememarder", weil die Verbindung von blauer und gelber Erbanlage in der Tierzucht als cremefarben bezeichnet wird.

Schwarzgrannen (SchwGr)

Zuchtziel

Zuchtziel ist ein kleines, gedrungenes Kaninchen mit der typischen Schwarzgrannenfarbe. Diese resultiert aus der Kombination der Rotwildfarbe mit der Chinchillafarbe, die sich bis auf die braune Augenfarbe, einige schwarz gespitzte Grannen und die pigmentierten Krallen gegenseitig aufheben.

Geschichtliches

Die Rasse verdankt ihr Entstehen einem Experiment. 1960/61 wollte Niehaus weiße Tiere mit braunen Augen herauszüchten, ausgehend davon, dass die Rotwildfarbe und die Chinchillafarbe sich gegenseitig aufheben. Was er dabei außer Acht ließ, war, dass alle rotwildfarbigen Tiere, wenn auch kaum sichtbar, über eine Durchsetzung mit dunkel gespitzten Grannen verfügen, die sich durch den Chinchillafaktor nicht neutralisieren lässt. Beim weißen Tier wurden diese dunkel gespitzten Grannen deutlich sichtbar. Vielleicht hätte Niehaus das Ziel erreicht, wenn er statt der verwendeten Roten Neuseeländer sehr hell schattierte Kleinsilber, gelb, eingesetzt hätte.

Während diese Rasse im Westen wieder in der Versenkung verschwand, wurde sie in Ostdeutschland als Kleinrasse herausgezüchtet, anerkannt und kam mit der Vereinigung in den Einheitsstandard. Welche Entwicklung sie nehmen wird, ist noch nicht abzusehen.

Körperform, Typ, Bau, Stellung, Fellhaar

Gewicht: 2,0 bis 2,5 kg, Normalgewicht 2,5 kg und mehr, Höchstgewicht 3,25 kg.
Form, Stellung: Gedrungen, knapp mittelhoch gestellt.
Kopf: Kurz, kräftig, dicht am Körper sitzend.
Ohren: Zum Körper passend, von kräftiger Struktur, an den Enden gut abgerundet.
Rumpf: Walzenförmig, vorne und hinten gleich breit.
Rücken: Rückenlinie ebenmäßig, Hinterpartie gut abgerundet.
Läufe: Relativ kräftig, knapp mittellang.
Fellhaar: Das Fell ist äußerst dicht in der Unterwolle mit gleichmäßiger, elastischer Begrannung, insgesamt nicht zu kurz.

1,0 Schwarzgrannen

Farbe

Die **Deckfarbe** ist ein zart abgetöntes Weiß, das mit einem feinen, leicht rußartigen Anflug von heller bis mittlerer Intensität überzogen scheint; dieser wird hervorgerufen durch dunkel gespitzte Grannenhaare, die das Deckhaar überragen und gleichmäßig über den ganzen Körper verteilt sind. An den kürzer behaarten Körperstellen – Kopf, Ohren und Läufen – und auf der Oberseite der Blume erscheint der Anflug etwas intensiver. Die Intensität der Farbbegrannung an der Brust bleibt unberücksichtigt. Die Ohrenränder dürfen farblich leicht gesäumt sein. Reinweiß erscheinen demgegenüber die Wildfarbigkeitszonen Bauch, Unterseite der Blume, Innenseite der Läufe, Kinnbackeneinfassung, Augenringe und Nackenkeil. Die Augen sind braun, die Krallen hornfarbig. Die Unterfarbe ist am ganzen Körper reinweiß; die Unterfarbe an der Blumenoberseite bleibt unberücksichtigt.

L. F.: Leicht fleckige oder etwas unreine Deckfarbe; flockige Schattierung; ungleichmäßige oder etwas dunkle Farbbegrannung; etwas dunkel durchsetzte Wildfarbigkeitszonen; unterschiedlich intensiv pigmentierte Krallen; leicht bläulicher oder rußiger Anflug in der Unterfarbe; leicht dunkle Durchsetzung der Unterfarbe (Ausnahme Blumenoberseite).

S. F.: Stark unreine Deckfarbe; gänzlich fehlende oder bläuliche Farbbegrannung; stark ausgeprägter dunkler Anflug am Rumpf; stark dunkel durchsetzte Wildfarbigkeitszonen; andere als die geforderte Augenfarbe; pigmentlose Krallen; graue bis blaugraue Unterfarbe; erkennbare Zwischenfarbe; stark dunkel durchsetzte Unterfarbe (Ausnahme Blumenoberseite).

Allgemeines

Welchen Weg die Rasse gehen wird, zeichnet sich noch nicht ab. Es bleibt zu hoffen, dass sie nicht in der Versenkung verschwindet. Apart ist sie allemal und auch nicht zu schwer zu züchten.

Russen (R)

Zuchtziel

Zuchtziel ist ein sehr kleines Kaninchen mit typischer „Spitzenzeichnung“. Bei diesen Teilalbinos entsteht die Pigmentierung nur, wenn eine bestimmte Hauttemperatur unterschritten wird; das ist regelmäßig an den Körperspitzen der Fall. Die Tücken der Zucht liegen in der großen Temperaturabhängigkeit der Pigmentierung.

Geschichtliches

Nach Mariot-Didieux (1854) existierte die Rasse in Frankreich bereits im 17. Jahrhundert, in England wurde sie 1857 zum ersten Mal beschrieben und zum Rassekaninchen erhoben. Von dort hatte der Zahnarzt Welker aus Gotha 1892 den ersten

0,1 Russen, blau-weiß

1,0 Russen, schwarz-weiß

Russenrammler importiert. Doch enthielt schon der erste deutsche Standard von 1885 die Rasse. Welker und Max Fischer, ebenfalls aus Gotha, hatten 1890 den ersten Russenkaninchen-Züchter-Club gegründet. Weitere Importe folgten, für teures Geld. Die anfängliche Begeisterung erlahmte recht schnell, der Bannstrahl der „Sportfexerei" durch NS-Regime, Krieg und Nachkriegszeit taten ein Übriges. Noch 1960 wurde im DKZ Klage geführt über die geringe Verbreitung der Rasse. Heute hat sich ein namhafter, treuer Züchterkreis um sie geschart. Züchterisch hält sie sich schon einige Zeit auf ansprechendem Niveau.

Körperform, Typ, Bau, Stellung, Fellhaar

Gewicht: 1,75 bis 2,25 kg, Normalgewicht 2,25 kg und mehr, Höchstgewicht 3 kg.
Form, Stellung: Leicht gedrungen, mittelhoch gestellt.
Kopf: Breit, Backenpartie gut entwickelt, Nasenrücken beim Rammler leicht geramst.
Ohren: Kurz, dem Körper entsprechend, straff aufgerichtet getragen, gut behaart.
Rumpf: Walzenförmig, Brust- und Hinterpartie breit, kein loses Brustfell.
Rücken: Hinterpartie gut abgerundet, Rückenlinie ebenmäßig.
Läufe: Mittellang, zart.
Fellhaar: Mit 2 bis 2,5 cm verhältnismäßig kurz, dicht, weich sowie fein und gleichmäßig begrannt.

Häsin: Kopf deutlich schnittiger als beim Rammler, im Ganzen zierlicher, völlig wammenfrei.

Farbe

Anerkannt sind die Farbenschläge **Schwarz-Weiß** und **Blau-Weiß**. Die Grundfarbe ist ein reines, leuchtendes Weiß ohne gelben oder grauen Anflug. Tiefschwarz bzw. sattblau sind die Abzeichen. Die Augen sind farblos, stark rot durchleuchtend, die Krallen dunkelbraun.
L. F.: Gelber oder grauer Anflug; leicht durchsetzte Zeichnungsfarbe.
S. F.: Unreine Grundfarbe; starke Durchsetzung der Abzeichen mit weißen Haaren; starker Rost.

Kopfzeichnung

Die Kopfzeichnung besteht aus Maske und den farbigen Ohren. Die Maske erfasst gleichmäßig den Nasenbezirk, hat eine länglich runde, ovale Form, ist gegen die Grundfarbe scharf abgegrenzt, verläuft bis zum Oberkiefer und erfasst mit einem leichten Hauch auch den Unterkiefer. Sie ist nicht zu groß und darf nicht über Augenhöhe reichen. Die voll farbigen Ohren sind an der Wurzel scharf abgegrenzt.

L. F.: Etwas grobe, gezackte oder etwas hohe Maske; leichter Augenrandanflug; unreine Ohrenansätze.

S. F.: Zu große Maske, die den ganzen Unterkiefer bedeckt; starke Augenrandringe (sogenannte „Brillen“); weiße Flecken in der Maske, an den Ohrenrändern und am Ohrenansatz.

Rumpfzeichnung

Die Rumpfzeichnung erfasst die Vorder- und Hinterläufe sowie die Blume. Das vorderste Glied der Vorderläufe ist reinschwarz bzw. sattblau und möglichst scharf abgegrenzt, die Hinterläufe sind bis über das Sprunggelenk farbig; sie sind intensiv farbig und scharf abgegrenzt. Von reiner, dunkler Farbe sind die Ober- und Unterseite der Blume.
L. F.: Kurze oder lange sowie verschwommene Zeichnung der Läufe und der Blume; dunkler Anflug am After.
S. F.: Grobe Zacken oder Weiß in den farbigen Läufen.

Allgemeines

Charakteristisches Rasseattribut ist die Kälteschwärzung. Kälte fördert die Farbintensität und -ausdehnung, Wärme beeinträchtigt sie. Ein Witterungsumschwung kann alle Hoffnungen auf ein gutes Ausstellungsergebnis zunichte machen. Die Kälteschwärzung macht sich bereits bei wenige Tage alten Tieren bemerkbar. Ihre volle Schönheit erreicht die Rasse im Winter und bei Haltung in Außenstallungen. Am wenigsten gefährdet sind April- und Maiwürfe. Die Rasse ist anspruchslos. Da die Tiere sehr frohwüchsig sind und auch eine gewisse Neigung zu losem Brustfell besitzen, sollten sie mit Fingerspitzengefühl gefüttert werden.

Kastanienbraune Lothringer (KbrLot)

Zuchtziel

Gewünscht wird ein kleines, kastanienbraunes Kaninchen im leicht gestreckten, schnittigen Typ.

Geschichtliches

Die Rasse ist in Frankreich unter dem Namen „Brun marron de Lorraine“ anerkannt. In Deutschland wurden diese Tiere, besonders im Südwesten, schon seit einigen Jahren nachgezüchtet. Seit dem Zuchtjahr 2002 sind sie nun auch bei uns als Kastanienbraune Lothringer anerkannt.

Körperform, Typ, Bau, Stellung, Fellhaar

Gewicht: 1,5 bis 2 kg, Normalgewicht 2 kg und mehr, Höchstgewicht 2,5 kg.
Form, Stellung: Harmonisch abgerundet und leicht gestreckt. Beide Geschlechter sind fein, schlank und schnittig. Stellung mittel bis hoch.

Kopf: Der Kopf ist relativ klein und kurz. Er sitzt dicht am Rumpf. Stirn-, Backen- und Schnauzpartie erscheinen bei beiden Geschlechtern im Gesamteindruck keilförmig. Die Augen sind relativ groß und treten sichtbar hervor.
L. F.: Etwas großer, kugeliger Kopf oder etwas langer, schmaler und spitzer Kopf; wenig hervortretende Augen.
S. F.: Zu großer, stark kugeliger, wuchtig wirkender Kopf; Häsinnenkopf beim Rammler, ausgeprägter Rammlerkopf bei der Häsin; tief liegende Augen.
Ohren: Die Ohren sind stabil und fest im Gewebe und dennoch zum Typ passend, recht fein; sie sind entsprechend dem Größenrahmen nicht zu lang und werden zusammenstehend, nach oben leicht V-förmig geöffnet, getragen.
L. F.: Dünne, faltige, etwas lange oder kurze Ohren.
S. F.: Nicht zum Typ passende, grob wirkende Ohren.
Rumpf: Die Rückenlinie verläuft ebenmäßig und endet in einer gut abgerundeten Hinterpartie.
Läufe: Mittel bis lang, fein.
Fellhaar: Kurz, dicht und von feiner Struktur, gleichmäßig, gut und dennoch recht fein begrannt. Die Ohren sollen gut behaart sein.

Häsin: Der Kopf der Häsin ist etwas zierlicher als beim Rammler; namentlich die Backenpartie ist weniger kräftig entwickelt; wammenfrei.

Farbe

Die **Deckfarbe** ist kastanienbraun und mit gutem Glanz versehen. Sie erfasst gleichmäßig den Kopf einschließlich der Ohren, den Rücken, die Flanken – so tief wie möglich nach unten reichend – und die Läufe. Die Bauchdeckfarbe ist lohfarbig bis strohgelb. Die Ohren sind fein schwarz gesäumt; das Ohreninnere bläulich. Die Augen sind dunkelbraun, die Krallen dunkelhornfarbig.

L. F.: Ungleichmäßige Deckfarbe; aufgehellte Seiten und Flanken; schwacher Glanz; leicht weiß durchsetzte Deckfarbe; matte Brustfarbe; fahle Deckfarbe am Bauch und der Unterseite der Blume; etwas helle Krallen.
S. F.: Stark vom Kastanienbraun abweichende, mattgraue, blassgelbe oder stark weiß durchsetzte Deckfarbe; gänzlich fehlender Glanz; weiße Deckfarbe am Bauch und/oder der Unterseite der Blume.

Die **Zwischenfarbe** ist leuchtend gelbrot bis braunrot. Sie ist entscheidend für die Ausprägung der kastanienbraunen Deckfarbe. Die **Unterfarbe** ist blau, bis zum Haarboden reichend – je intensiver, desto besser.
L. F.: Matte oder verschwommene Zwischenfarbe; etwas unreine oder am Haarboden aufgehellte Unterfarbe.
S. F.: Gänzlich fehlende Zwischenfarbe; gänzliches Fehlen der blauen Unterfarbe.

Allgemeines

Die Tiere sind – wie alle Angehörigen von Kaninchenrassen im Schlanktyp – robust und frohwüchsig. Die Häsinnen sind dabei allgemein gute Muttertiere. In einer Zeit, in der die Menschen immer weniger Platz haben, Kaninchen zu halten, und in der es immer schwieriger wird, den anfallenden Mist zu entsorgen, verschiebt sich das Spektrum der tatsächlich gehaltenen Kaninchenrassen immer mehr hin zu den Klein- und Zwergrassen. Die Kastanienbraunen Lothringer schließen die Lücke zwischen diesen beiden Rassengruppen.

Genetisch gesehen sind sie – wie die Hasenkaninchen und die Deilenaar – wildfarbige Kaninchen mit einer starken Anreicherung der sogenannten Gelbverstärker. Schlüssel zu der besonders gleichmäßigen Ausprägung der Farbe, wie sie der Standard bei den Kastanienbraunen Lothringern fordert, ist die kurze und gleichmäßige Haarstruktur. Diese muss der Züchter bei der Selektion der Zuchttiere stark beachten. Dann ist die Zucht der kleinen, attraktiven Kaninchenrasse auch nicht sehr schwierig und zu der Freude an den lebhaften, kecken Tieren gesellt sich der züchterische Erfolg.

0,1 Kastanienbraune Lothringer

Abteilung IV – Zwergrassen

Zwergwidder (ZwW)

Zuchtziel

„Es sollte ein Zwergkaninchen werden, dabei aber im Widdertyp bleiben, d. h. Deutsche Widder mit einem Gewicht von 2–3 Pfund“, so hieß es bei A. de Cock, DKZ 24/1966. Wesentliche Rassemerkmale sind daher in erster Linie Typ, Robustheit und Masse, in zweiter Linie die Zwergengröße. Nicht das kleinste Tier ist das beste, sondern jenes, das innerhalb der gesetzten Gewichtsgrenzen den Widder-Typ am besten verkörpert.

Geschichtliches

Erzüchter ist Adrian de Cock aus Tilburg/Niederlande. 1952 begann er mit der Kreuzung einer Farbenzwerg-Häsin mit einem Deutschen-Widder-Rammler. Mehrere Generationen lang betrieb er Inzucht, danach kreuzte er Englische Widder ein. Nach zwölfjähriger Züchterarbeit trat er mit seinen Tieren zum ersten Mal an die Öffentlichkeit: Anlässlich der holländischen Bundesschau 1964 in Den Bosch zeigte er vier Tiere. Der Andrang vor den Tieren war groß. Noch im gleichen Jahr wurde die Rasse zum ersten Mal nach Deutschland importiert. Die Tiere aber enttäuschten; die Geburtswehen der Rasse waren allgegenwärtig. Das Interesse erlosch nahezu, zumal die Deutschen Kleinwidder mehr und mehr das Feld beherrschten.
1972 stellte Scholten, Kleve, in Essen eine Kollektion ansprechender Zwergwidder vor. 1973 wurde die Rasse anerkannt. Der Boom, den die Rasse erlebt, dauert noch an. Es ist kaum abzusehen, wann die Rasse den Ausbau ihres prozentualen Anteils an den Rassekaninchen abgeschlossen hat. Züchterische Probleme bereiten auch heute noch sowohl Größe wie auch Widdertyp, wenn auch konstatiert werden muss, dass es mit den Zwergwiddern kontinuierlich bergauf geht.

Körperform, Typ, Bau, Stellung, Fellhaar

Gewicht: Mindestgewicht 1,2 kg, Normalgewicht 1,5 kg bis 1,9 kg, Höchstgewicht 2 kg.
Form, Stellung: Kurz, gedrungen, breitschulterig; Stellung knapp mittelhoch.
Kopf: Kurz, kräftig, ausgeprägter Widderkopf bei beiden Geschlechtern, Stirn- und Schnauzpartie breit, Kinnbacken stark entwickelt, Ramsnase schön gebogen.
L. F.: Schwache Kopfbildung.
S. F.: Völliges Fehlen des Widdertyps.
Behang: 24 bis 28 cm lang, fleischig, voll behaart, an den Enden gut abgerundet, an den Ohrenansätzen ausgeprägte Wülste (Kronen), hufeisenförmig, mit der Schallöffnung nach innen zum Kopf und vertikal nach unten hängend getragen.

0,1 Zwergwidder, chinchillafarbig-weiß

1,0 Zwergwidder, perlfehlfarbig

L. F.: Flache Wülste und abstehender (schwebend getragener) Behang.
S. F.: Zeitweiliges Aufrechttragen eines oder beider Ohren; weniger als 24 cm und mehr als 28 cm Behanglänge.
Rumpf: Walzenförmig, Brust und Hinterpartie breit, Hinterpartie gut abgerundet, Hals und kräftiger Nacken kaum in Erscheinung tretend.
Rücken: Rückenlinie schön geschwungen, Hinterpartie gut gerundet.
Läufe: Kurz, mittelstark.
Fellhaar: Mittellang (etwas länger als bei den Farbenzwergen), dicht behaart und weich, gleichmäßig begrannt.

Häsin: Insgesamt etwas feiner als der Rammler, frei von jeglicher Wammenbildung.
S. F.: Wammenansatz bei allen Tieren.

Farbe und Zeichnung

Anerkannt sind die Farbenschläge **Grau** in den Abstufungen **Wild-, Hasen-, Dunkel-, Eisengrau** und **Hasenfarbig, Weiß Rotaugen** und **Weiß Blauaugen** sowie – mit der unten folgenden Einschränkung – alle anderen **einfarbigen Farbenschläge**. Anerkannt ist außerdem die **Thüringerfarbe** nebst Thüringerabzeichen. Diese Farbenschläge (außer Weiß) sind auch als gescheckte Tiere zugelassen, wobei nur die Mantelscheckung anerkannt ist. Für diese gelten die oben bei den Deutschen Widdern beschriebenen Forderungen. Anerkannt sind ferner – mit der unten folgenden Einschränkung – noch weitere Farbenschläge mit Zeichnung oder Abzeichen; für sie ist eine Kombination mit der Mantelscheckung nicht zugelassen.
Für alle Farbenschläge werden die jeweiligen Anforderungen an Farbe, Zeichnung und Abzeichen der entsprechenden Rassen erhoben. Nicht zugelassen sind die Farben und Zeichnungen der Silberkaninchen, der Deutschen Riesenschecken, der Rheinischen Schecken, der Kleinschecken, der Englischen Schecken, der Holländer, der Separator und der Jamora.
L. F.: Leichte Farbfehler wie bei den Ausgangsrassen.
S. F.: Schwere Fehler wie bei den Ausgangsrassen.

Zwergwidder, schwarzgrannenfarbig

Die schwarzgrannenfarbigen Zwergwidder sind der jüngste anerkannte Farbenschlag, daher werden sie hier etwas detaillierter beschrieben.
Die **Deckfarbe** ist ein zart abgetöntes Weiß, das mit einem feinen, leicht rußartigen Anflug von heller bis mittlerer Intensität überzogen scheint; dieser wird hervorgerufen durch dunkel gespitzte Grannenhaare, die das Deckhaar überragen und gleichmäßig über den ganzen Körper verteilt sind. An den kürzer behaarten Körperstellen – Kopf, Ohren und Läufen – und auf der Oberseite der Blume erscheint der Anflug etwas intensiver. Die Intensität der Farbbegrannung an der Brust bleibt unberücksichtigt. Die Ohrenränder dürfen farblich leicht gesäumt sein. Reinweiß

1,0 Zwergwidder, blau

1,0 Zwergwidder, rhönfarbig

1,0 Zwergwidder, thüringerfarbig

1,0 Zwergwidder, weißgrannenfarbig schwarz

erscheinen demgegenüber die Wildfarbigkeitszonen Bauch, Unterseite der Blume, Innenseite der Läufe, Kinnbackeneinfassung, Augenringe und Nackenkeil. Die Augen sind braun, die Krallen hornfarbig. Die **Unterfarbe** ist am ganzen Körper reinweiß; die Unterfarbe an der Blumenoberseite bleibt unberücksichtigt.
L. F.: Leicht fleckige oder etwas unreine Deckfarbe; angedeutete Marder- bzw. Siamesenabzeichen; flockige Schattierung; ungleichmäßige oder etwas dunkle Farbbegrannung; etwas dunkel durchsetzte Wildfarbigkeitszonen; unterschiedlich intensiv pigmentierte Krallen; leicht bläulicher oder rußiger Anflug in der Unterfarbe; leicht dunkle Durchsetzung der Unterfarbe (Ausnahme Blumenoberseite).
S. F.: Stark unreine Deckfarbe; ausgeprägte Marder- bzw. Siamesenabzeichen; gänzlich fehlende oder bläuliche Farbbegrannung; stark ausgeprägter dunkler Anflug am Rumpf; stark dunkel durchsetzte Wildfarbigkeitszonen; andere als die geforderte Augenfarbe; pigmentlose Krallen; graue bis blaugraue Unterfarbe; erkennbare Zwischenfarbe; stark dunkel durchsetzte Unterfarbe (Ausnahme Blumenoberseite).

Allgemeines

Die Zwergwidder sind vital, an Unterbringung und Futter stellen sie keine hohen Ansprüche. Doch hat man ihnen wie jedem Haustier eine entsprechende Sorgfalt angedeihen zu lassen. In ihrer Lebhaftigkeit sind sie liebenswerte Geschöpfe. Keinesfalls sollten, wie in der Vergangenheit teilweise geschehen, verschiedene Farbenschläge untereinander gekreuzt werden. Das Hauptaugenmerk muss auf der Einhaltung des Gewichtsrahmens und der Verbesserung des Widdertyps liegen. Bei vielen Tieren muss das Fell kürzer werden.
Die Zwergwidder sind die großen Profiteure des immer stärker werdenden Trends zu den kleinen und den Zwergkaninchenrassen.

Zwergschecken (ZwSch)

Zuchtziel

Zuchtziel ist eine kleine Schecke im Zeichnungstyp der Deutschen Riesenschecken. Obwohl die anfängliche Herauszüchtung auf Farbenzwerge, gescheckt, ausgerichtet war, entschied sich die Standardkommission für ein etwas höheres Gewicht, um damit auszuschließen, eine Rasse mit doppeltem Letalfaktor zu schaffen.

Geschichtliches

Bereits seit einer ganzen Anzahl von Jahren arbeiten Züchter an der Herauszüchtung punktgescheckter Zwergkaninchen. Dabei waren die Ziele am Anfang recht unterschiedlich: Während ein Teil davon die „englische Scheckung“ anstrebte, wollte das Gros die „Deutsche-Riesen-Scheckung“. Letztere setzten sich schließlich durch. Intensive Kontakte zwischen den mit der Herauszüchtung befassten Züchtern und Zuchttieraustausch führten jedoch schnell zur Vereinheitlichung. Die Anerkennung in Deutschland erfolgte im Jahre 2002.

Körperform, Typ, Bau, Stellung, Fellhaar

Gewicht: Normalgewicht über 1,4 bis 1,8 kg, Mindestgewicht 1,2 kg, Höchstgewicht 1,9 kg.

Form, Stellung: Der Körper ist relativ gedrungen, vorne und hinten gleichmäßig breit; die Rückenlinie ist recht kurz und hinten gut abgerundet. Rammler und Häsin sind frei von jeglichem Wammenansatz.

Läufe: Die Läufe sind entsprechend dem Zwergtyp kurz.

Blume: Die Blume entspricht dem Größenrahmen und liegt fest am Körper an.

Kopf: Der Kopf ist kurz und kräftig sowie dicht am Körper angesetzt. Er tritt auch bei der Häsin markant in Erscheinung. Die Schnauz- und die Stirnpartie sind relativ breit ausgeprägt (Stirnbreite beim Rammler in Augenhöhe etwa 5,5 cm, bei der Häsin etwa 5 cm).

Ohren: Die Ohren entsprechen dem Größenrahmen und dem Typ der Zwerg-Schecken. Sie werden zusammenstehend, nach oben leicht V-förmig geöffnet, getragen. Sie sollen kräftig und fest im Gewebe und oben schön abgerundet sein. Die Ohrenlänge gilt mit etwa 6,5 cm als ideal. Die Mindestlänge beträgt 5,5 cm, die Höchstlänge 8 cm.

L. F.: Etwas kurze Ohren unter 6,0 cm und etwas lange Ohren über 7,5 cm – je nach Abweichung bis zu einem Punkt Abzug.

S. F.: Ohrenlänge unter 5,5 cm oder über 8 cm.

Fellhaar: Das Fellhaar ist kurz, dicht und weich und zeigt eine elastische, gleichmäßige Begrannung ohne überstehende grobe Haarspitzen. Die Ohren sind gut behaart.

Farbe

Anerkannt sind die Farbenschläge **Schwarz-Weiß, Blau-Weiß, Havannafarbig-Weiß, Thüringerfarbig-Weiß** (erst seit dem 1.10.2014 anerkannt) und **Dreifarbig**. Die Grundfarbe ist reinweiß, mit gutem Glanz versehen. Ebenso weiß ist die Unterfarbe, die sich von der Grundfarbe nicht unterscheidet. Die Zeichnungsfarben Schwarz, Blau, Havannafarbig sowie Schwarz-Gelb sollen rein und nicht mit andersfarbigen Haaren durchsetzt sein. Die Augen der schwarz-weißen und der dreifarbigen Tiere sind braun, die der blau-weißen Tiere sind blaugrau, die der havannafarbig-weißen braun, leicht rot durchleuchtend. Die Krallen sind bei allen Farbenschlägen pigmentlos (weiß).

L. F.: Gelblicher Anflug in der Grundfarbe; unreine oder mit weißen Haaren leicht durchsetzte Zeichnungsfarbe und Ohrenränder; weiße Flecken in den Seitenzeichnungspunkten und/oder in den Augenringen im Bereich des Augenringzackens; eine einzelne farbige Kralle.

S. F.: Stark unreine, stark mit weißen Haaren durchsetzte Zeichnungsfarbe; zweierlei Zeichnungsfarben, außer bei den dreifarbigen Zwergschecken; weiße Flecken im Schmetterling, im Augenring (außer im Bereich des Augenringzackens), in der Ohrenfarbe oder im Aalstrich; Vorhandensein nur einer Zeichnungsfarbe in einem Zeichnungsmerkmal (mit Ausnahme der Backenpunkte) bei den dreifarbigen Tieren; andere als die geforderte Augenfarbe; mehr als eine farbige Kralle.

Kopfzeichnung

Die Kopfzeichnung besteht aus dem Schmetterling, den Augenringen, den Backenpunkten und der Ohrenzeichnung. Der Schmetterling soll gut ausgeprägt sein. Dazu gehören ein schön abgerundeter Dorn und volle Flügel, die den Unterkiefer beidseitig einfassen. Die Augenringe sind geschlossen und gleichmäßig breit. Die oben am Augenring auftretende kleine Zacke gilt nicht als Fehler. Die Backenpunkte stehen frei unter den Augenringen, sie sind rund oder oval geformt. Die Ohrenzeichnung ist an der Ohrenwurzel übergangslos abgegrenzt; ein kleiner Ausläufer der Ohrenzeichnung in der Stirnmitte bleibt unberücksichtigt.

1,0 Zwergschecken, thüringerfarbig-weiß

L. F.: Gezackter Schmetterling; unschöner Dorn; fleischfarbener Lippenspalt; Fehlen der seitlichen Unterkiefereinfassung; ungleichmäßige, grobe Augenringe; unreine Ohrenansätze; unreiner Kopf (Spritzer).
S. F.: Unvollständiger Schmetterling; fehlender Dorn; große Zacken in den Schmetterlingsflügeln; gänzlich fehlende seitliche Unterkiefereinfassung; am Unterkiefer geschlossene Einfassung; weiße Nasenspitze oder weißer Lippenspalt; anhängender Backenpunkt; Fehlen eines oder beider Backenpunkte; doppelter Backenpunkt ein- oder beidseitig; nicht geschlossener Augenring; Zusammenhängen eines oder beider Augenringe mit dem Schmetterling oder der Ohrenzeichnung.

Rumpfzeichnung

Die Rumpfzeichnung wird vom Aalstrich und der Seitenzeichnung gebildet. Der Aalstrich geht gleichmäßig breit (etwa 1,5 cm) vom Genick bis zur Blumenspitze durch. Die Seitenzeichnung besteht aus einzelnen, möglichst frei stehenden, nicht zu großen Flecken von etwa 2 cm Durchmesser. Sie sollen an beiden Seiten auf Flanken und Schenkeln gleichmäßig verteilt sein. Auf jeder Seite werden etwa bis sieben Seitenflecken gewünscht. Flecken an Brust, Bauch, Läufen oder Unterseite der Blume bleiben unberücksichtigt. Bei der Beurteilung der Zeichnung ist die im Vergleich zu den Kleinschecken geringere Körperoberfläche zu berücksichtigen.
L. F.: Gezackter oder ungleichmäßiger, breiter oder schmaler Aalstrich; Unterbrechung des Aalstrichs vom Genick bis zu den Schulterblättern oder vom Ansatz der Blume bis zur hoch gelegten Blumenspitze; am Aalstrich leicht anhängende Seitenzeichnung; schwache, volle oder ungleichmäßige Seitenzeichnung; Anlage zur Kettenzeichnung.
S. F.: Deutlich sichtbare Unterbrechung des Aalstriches zwischen den Schulterblättern und der hoch gelegten Blumenspitze; starkes Zusammenhängen der Seitenzeichnung mit dem Aalstrich; weniger als drei Seitenflecken auf einer Seite; Fehlen eines Zeichnungsmerkmals.

Allgemeines

Verkleinerungen althergebrachter Rassen auf Kleinrassen- oder Zwergengröße waren bislang immer von Erfolg gekrönt. Die entsprechenden Verkleinerungen benötigten in aller Regel immer nur wenige Jahre, bis sie die Ausgangsrasse überflügelten – sowohl in der Größe des Bestandes als auch in der Qualität der Tiere. Das liegt auch an dem Sinn der Rassekaninchenzucht: Diente sie in den Anfängen überwiegend der Versorgung mit Fleisch und Fellen, so ist sie heute primär ein schönes Hobby mit großem Freizeitwert. Unter diesem Gesichtspunkt braucht man sich sicherlich auch keine Sorgen über die Zukunft der Zwergschecken zu machen, denn diese Tierchen sind ebenso schön und züchterisch so anspruchsvoll wie die größeren Punktscheckenrassen – und das bei deutlich niedrigerem Platz- und Futteraufwand.

Eine Verpaarung zweier Typenschecken ist aus Tierschutzgründen nicht mehr statthaft, weil daraus nach Mendel 25 % sogenannte Weißschecken fallen, die nicht lebensfähig sind und spätestens kurz vor Erreichen der Geschlechtsreife verenden. Näheres zu den weiteren seit 2015 in Kraft getretenen Bestimmungen finden Sie auf Seite 22.

Hermelin (He)

Zuchtziel

Die Herauszüchtung von Zwergrassen ist eine reine Liebhaberei. Die Hermelin waren jahrzehntelang die einzigen Zwergkaninchen. Die Farbenzwerge, die Widder- und Rex-Zwerge kamen erst relativ spät hinzu. Das aus Tierschutzgründen festgelegte Mindestgewicht von 1 kg und die Mindestohrlänge von 4,5 cm für Kaninchen setzen den tatsächlichen genetischen Möglichkeiten der Verzwergung sinnvolle Grenzen. Man unterscheidet die **Hermelin Rotaugen** (He RA) von den **Hermelin Blauaugen** (He BlA).

Geschichtliches

Ursprünglich nannte man die kleinen, weißen Tiere „Polnische Kaninchen". 1903 wurden die ersten „Hermelinchen" aus England bei uns eingeführt; sie waren mit weißen Wildkaninchen nahezu identisch. In Deutschland wurde die Rasse völlig umgezüchtet: Die Tiere wurden kleiner und gedrungener, die Ohren kürzer, aus dem Kopf wurde ein „Bollenkopf", aus dem Maul ein „Froschmaul"; auch das Fell wurde etwas länger. Während des Ersten Weltkrieges wurde in Sachsen von Lohse das Blauaugen-Hermelin erzüchtet. Hermelinkaninchen dominierten zeitweise die Ausstellungen. Heute haben sie zwar eine sehr gute Verbreitung, jedoch lassen viele Tiere in Bezug auf Körperform und Fellhaar doch einige Wünsche offen.

Körperform, Typ, Bau, Stellung, Fellhaar

Gewicht: Mindestgewicht 1 kg, Höchstgewicht 1,5 kg, Normalgewicht 1,1 bis 1,35 kg. Tiere unter 1 kg Gewicht bleiben ohne Bewertung.

Form, Stellung: Der Ausdruck der Zwergenhaftigkeit verlangt ein neues Verhältnis von Körper, Kopf und Ohren. Der Körper ist gedrungen, breit, gut gefüllt, der Stand mittelhoch.

Kopf: Im Verhältnis zum Körper groß, kurz und dick. Schnauze breit, Stirnbreite beim Rammler in Augenhöhe etwa 5,5 cm, Stirnbein stark gebogen, Augenpartie deutlich hervortretend, Nasenbein breit, Froschmaul. Bei beiden Geschlechtern gleichmäßig kräftig.

L. F.: Etwas langer, schmaler oder spitzer Kopf.

S. F.: Langer, schmaler Kopf.

Augen: Groß, klar, stark hervortretend, doch keine Glotzaugen.
L. F.: Tief liegende Augen.
Ohren: Kurz, in der Länge zum Körper passend, straff aufgerichtet, fein im Gewebe, oben gut abgerundet, eng zusammenstehend bis leicht V-förmig getragen. Eine Länge von 5,5 cm gilt als ideal. Die Mindestlänge beträgt 4,5 cm, die Höchstlänge 7 cm.
L. F.: Grobe, fleischige oder breit getragene Ohren; zusammengeklappte, spitze Ohren; schwach behaarte Ohren, deren Fellhaut rosa durchscheint; Ohrenlänge über 5,5 cm; bis zur zulässigen Höchstlänge von 7 cm ist für jeden halben Zentimeter 1 Strafpunkt abzuziehen.
S. F.: Sehr dünne, fast haarlose oder zu grobe, stark fleischige Ohren; über 7 cm sowie unter 4,5 cm lange Ohren.
Rumpf: Walzenförmig, vorne und hinten gleich breit, Hals und Nacken sind nicht sichtbar.
Rücken: Rückenlinie ebenmäßig, Hinterpartie gut gerundet.
Blume: Entsprechend klein und fest am Hinterkörper anliegend.
Läufe: Kurz und dem Zwergentyp angepasst, Vorderläufe gerade, Hinterschenkel am Rumpf gut anliegend.
Fellhaar: Kurz, dicht und weich. Begrannung fein und gleichmäßig, überstehende grobe Haarspitzen sind unerwünscht. Die Ohren sind gut behaart.

Häsin: Der Körper der Häsin unterscheidet sich von dem des Rammlers kaum. Ihr Kopf ist geringfügig schmaler (Stirnbreite etwa 5 cm). Fehlerhaft ist bereits Wammenansatz.

Farbe

Anerkannt sind die Rotaugen- und Blauaugen-Hermelin. Die Deck- und Unterfarbe werden reinweiß gefordert, gelblicher oder grauer Anflug ist verpönt. Die Augen der Rotaugen (Albinos) sind farblos, das Rot des Augenhintergrundes leuchtet durch. Die Augen der Blauaugen sind blau. Die Krallen sind farblos.
L. F.: Leichter gelblicher Anflug; graue Halskrause; glanzlose Farbe.
S. F.: Stark unreine Farbe; Augenflecken.

Allgemeines

Mit der Zucht sollte man frühzeitig, möglichst schon im Dezember, beginnen, weil das Längenwachstum der Ohren teilweise von der Temperatur abhängt. Es muss jedoch gesagt werden, dass die Hermelin im Winter oft schlecht aufnehmen, im Frühjahr jedoch ohne Probleme tragend werden. Hermelin-Zucht ist selbst bei bescheidensten Platzverhältnissen möglich. Die Tiere benötigen nur kleine Ställe und sehr wenig Futter. Geworfen werden durchschnittlich nur drei bis vier Junge, denn der Zwergwuchs hemmt die Fruchtbarkeit.

1,0 Hermelin BlA

1,0 Hermelin, RA

Der Zwergentyp ist spalterbig. Neben 25 % reinerbigen Zwergen (deutlich kleiner und nicht lebensfähig) und 25 % langohrigen Nichtzwergen fallen aus der Paarung zweier Typenzwerge nur etwa 50 % Typenzwerge. Langohrige „Nichtzwerge“ können zur Zucht eingesetzt werden. Mit einem typischen Zwerg gepaart, bringen auch sie 50 % Typenzwerge hervor, allerdings ist ihre Wurfstärke erheblich höher. Diese Form der Paarung bietet sich auch aus Tierschutzgründen an, weil in der Nachzucht keine nicht lebensfähigen reinerbigen Zwerge zu erwarten sind.

Farbenzwerge (FbZw)

Zuchtziel

Zuchtziel ist ein farbiges Zwergkaninchen im Hermelintyp. Mittlerweile gibt es Zwerge fast in jeder Kaninchenfarbe.

Geschichtliches

Die Rasse kommt aus Holland. Dort war sie bereits 1940 in den Standard aufgenommen worden. Schon 1939 waren die ersten Farbenzwerge nach Deutschland gelangt; infolge der Kriegs- und Nachkriegsereignisse sind sie jedoch verloren gegangen. 1948/49 war die Rasse in Mülheim a. d. R. und Kleve wieder zu sehen. 1956 wurden die ersten Farbenzwerge in den deutschen Standard aufgenommen. Heute ist nahezu jede der zugelassenen Kaninchenfarben und -zeichnungen anerkannt.

Farbenzwerge sind heute recht gut verbreitet. Die Qualität weicht von Farbenschlag zu Farbenschlag noch sehr stark ab. Sehr gut ist sie bei den Grauen, Weißgrannenfarbigen und den Schwarzen, aber auch viele der Russen- und Marderfarbigen sowie andere Farbenschläge können sich heute durchaus sehen lassen.

Körperform, Typ, Bau, Stellung, Fellhaar

Gewicht: Mindestgewicht 1 kg, Höchstgewicht 1,5 kg, Normalgewicht 1,1 bis 1,35 kg. Tiere unter 1 kg Gewicht bleiben ohne Bewertung.

Form, Stellung: Der Ausdruck der Zwergenhaftigkeit verlangt ein neues Verhältnis von Körper, Kopf und Ohren. Der Körper ist gedrungen, breit, gut gefüllt, der Stand mittelhoch.

Kopf: Im Verhältnis zum Körper groß, kurz und dick. Schnauze breit, Stirnbreite beim Rammler in Augenhöhe etwa 5,5 cm, Stirnbein stark gebogen, Augenpartie deutlich hervortretend, Nasenbein breit, Froschmaul. Bei beiden Geschlechtern gleichmäßig kräftig.

L. F.: Etwas langer, schmaler oder spitzer Kopf.

S. F.: Langer, schmaler Kopf.

0,1 Farbenzwerge, havannafarbig

1,0 Farbenzwerge, hototfarbig

Augen: Groß, klar, stark hervortretend, doch keine Glotzaugen.
L. F.: Tief liegende Augen.
Ohren: Kurz, in der Länge zum Körper passend, straff aufgerichtet, fein im Gewebe, oben gut abgerundet, eng zusammenstehend bis leicht V-förmig getragen. Eine Länge von 5,5 cm gilt als ideal. Die Mindestlänge beträgt 4,5 cm, die Höchstlänge 7 cm.
L. F.: Grobe, fleischige oder breit getragene Ohren; zusammengeklappte, spitze Ohren; schwach behaarte Ohren, deren Fellhaut rosa durchscheint; Ohrenlänge über 5,5 cm; bis zur zulässigen Höchstlänge von 7 cm ist für jeden halben Zentimeter 1 Strafpunkt abzuziehen.
S. F.: Sehr dünne, fast haarlose oder zu grobe, stark fleischige Ohren; über 7 cm sowie unter 4,5 cm lange Ohren.
Rumpf: Walzenförmig, vorne und hinten gleich breit, Hals und Nacken sind nicht sichtbar.
Rücken: Rückenlinie ebenmäßig, Hinterpartie gut gerundet.
Blume: Entsprechend klein und fest am Hinterkörper anliegend.
Läufe: Kurz und dem Zwergentyp angepasst, Vorderläufe gerade, Hinterschenkel am Rumpf gut anliegend.

0,1 Farbenzwerge, rhönfarbig

Fellhaar: Kurz, dicht und weich; Begrannung fein und gleichmäßig; überstehende grobe Haarspitzen sind unerwünscht. Die Ohren sind gut behaart.

Häsin: Der Körper der Häsin unterscheidet sich von dem des Rammlers kaum. Ihr Kopf ist geringfügig schmaler (Stirnbreite etwa 5 cm). Schwer fehlerhaft ist bereits Wammenansatz.

Farbe und Zeichnung

Die Farbbeschreibung der Ausgangsrassen ist bei den Farbenzwergen in den Positionen 5 und 6 folgendermaßen anzuwenden:

Farbenschlag	Position 5	Position 6
Grau	Deckfarbe und Gleichmäßigkeit	Zwischen- und Unterfarbe
Blau	Deckfarbe und Gleichmäßigkeit	Unterfarbe
Schwarz	Deckfarbe und Gleichmäßigkeit	Unterfarbe
Havannafarbig	Deckfarbe und Gleichmäßigkeit	Unterfarbe
Rot	Deckfarbe und Gleichmäßigkeit	Unterfarbe
Fehfarbig	Deckfarbe und Gleichmäßigkeit	Unterfarbe
Separatorfarbig	Deckfarbe und Gleichmäßigkeit	Unterfarbe
Chinchillafarbig	Deckfarbe und Schattierung	Zwischen- und Unterfarbe
Deilenaarfarbig	Deckfarbe und Schattierung	Zwischen- und Unterfarbe
Luxfarbig	Deckfarbe und Gleichmäßigkeit	Zwischen- und Unterfarbe
Perlfehfarbig	Decke, Perlung, Gleichmäßigkeit	Zwischen- und Unterfarbe
Silberfarbig	Silberung und Gleichmäßigkeit	Zwischen- und Unterfarbe
Thüringerfarbig	Deckfarbe und Abzeichen	Unterfarbe
Marderfarbig	Deckfarbe und Abzeichen	Unterfarbe
Siamesenfarbig	Deckfarbe und Abzeichen	Unterfarbe
Weißgrannenfarbig	Deckfarbe und Abzeichen	Unterfarbe
Hototfarbig	Zeichnung	Farbe
Rhönfarbig	Zeichnung	Farbe
Lohfarbig	Kopf- und Rumpfzeichnung	Farbe
Russenfarbig	Kopf- und Rumpfzeichnung	Farbe
Holländerfarbig	Kopf- und Rumpfzeichnung	Farbe
Japanerfarbig	Kopf-, Ohren- und Rumpfzeichng	Farbe
Schwarzgrannen	Deckfarbe und Gleichmäßigkeit	Unterfarbe
Gescheckt (MZ)	Zeichnung	Farbe

L. F. und S. F. : Bezüglich Gewicht, Form, Fell, Kopf und Ohren gelten die bei den Hermelin aufgeführten Fehler; bezüglich Farbe und Zeichnung die der entsprechenden Ausgangsrassen.

1,0 Farbenzwerge, lohfarbig schwarz

Anerkannt sind außerdem Farbenzwerge, gescheckt, und zwar in Schwarz-Weiß und Blau-Weiß. Die Bewertungsbestimmungen der Mecklenburger Schecken sind sinngemäß anzuwenden. (Als Neuzüchtung werden diese darüber hinaus zurzeit der Drucklegung in den Farben Wildfarben-Weiß, Rot-Weiß und Havannafarbig-Weiß bearbeitet.)

Farbenzwerge, gescheckt

Zeichnung

Die gescheckten Farbenzwerge sind nur mit Mantelzeichnung zugelassen: Der Kopf einschließlich des Ohrenansatzes und der Ohren ist überwiegend von der Zeichnungsfarbe erfasst. In der Mitte der Stirnpartie soll ein weißer Stirnfleck (Blesse) vorhanden sein. Ein etwas breiterer Stirnfleck, kleine Ausläufer am Stirnfleck und kleine weiße Spritzer im unmittelbaren Bereich des Stirnflecks bleiben unberücksichtigt. Die Kinnbackeneinfassung und die Unterlippe sollen weiß sein. Die gefärbte Unterlippe ist unerwünscht. (Eine schmale seitliche Unterkiefereinfassung – wie bei den klassischen Punktschecken – mit teilweiser Färbung der Unterlippe bleibt unberücksichtigt.)

Kleine weiße Einläufer im Schnauzbereich bleiben unberücksichtigt. Der Rumpf wird von der Mantelzeichnung erfasst; sie ist frei von weißen Flecken und bedeckt gleichmäßig in Form eines durchgehenden Mantels den Rücken vom Genick bis zum Blumenansatz, die Flanken des Tieres und die Oberseite der Blume. Kleine weiße Flecken im Genick (sogenannte Ansatzpunkte) bis zum Ende der Schulterblätter sowie kleine weiße Flecken und Streifen im unmittelbaren Randbereich der Blume bis zur hoch gelegten Blumenspitze bleiben unberücksichtigt; weiße Einläufer oder Flecken auf der Blumenoberseite sind unerwünscht. Weiße Einläufer und Flecken an den Flanken und Schultern im Randbereich der Mantelzeichnung bleiben unberücksichtigt, wenn sie nicht zu weit in den Mantel hineinragen.
Die Brust soll völlig weiß sein. Ebenso sollen die Vorderläufe im Vorderfußbereich, die Hinterläufe und die Blumenunterseite weiß sein. Der Bauch soll überwiegend weiß sein; einzelne Farbflecken am Bauch bleiben unberücksichtigt.

L. F.: Weiße Flecken am Ohrenansatz; kleine weiße Flecken im Augen-, Backen- und Schnauzbereich; bis zu zwei weitere kleine weiße Flecken im Bereich des Stirnflecks; fehlender Stirnfleck: teilweise gefärbte Unterlippe (siehe oben); etwas weit hoch gehende Einläufer zwischen Schnauz- und Backenbereich; grob zackige oder fehlende weiße Kinnbackeneinfassung; ungleichmäßige Mantelzeichnung; einzelne kleine Farbflecken auf der Brust; Farbflecken im Vorderfußbereich und an den Hinterläufen; etwas weiter in den Mantel hineinragende weiße Einläufer und Fle-

1,0 Farbenzwerge, gescheckt schwarz-weiß

cken an den Flanken und Schultern im Randbereich der Mantelzeichnung; nicht völlig gefärbte Blumenoberseite; weiße Flecken an der Blumenoberseite bzw. farbige Flecken an der Blumenunterseite; überwiegend gefärbter Bauch.

S. F.: Gänzlich einfarbiger Kopf; starkes Vorherrschen von Weiß am Kopf; mehr als zwei weitere weiße Flecken im Bereich des Stirnflecks; gänzlich gefärbte Unterlippe; weiße Flecken in den Ohren, außer im Bereich des Ohrenansatzes; Nasenfleck; stark einseitige oder unvollständige, nicht zusammenhängende Mantelzeichnung; weiße Flecken in der geschlossenen Mantelzeichnung und stark in die Mantelzeichnung hineinragende Einläufer; überwiegend mit Farbflecken bedeckte Brust; völlig weiße Blumenoberseite bzw. völlig mit der Zeichnungsfarbe bedeckte Blumenunterseite; gänzlich mit Zeichnungsfarbe bedeckter Vorder- und/oder Hinterlauf; gänzlich mit Zeichnungsfarbe bedeckte Bauchpartie bzw. blaue Bauchunterfarbe im gesamten Bauchbereich bei den grau-weißen Farbenschlägen.

1,0 Farbenzwerge, gescheckt blau-weiß

Farbe

Zugelassen sind nur die Farbenschläge **Schwarz-Weiß** und **Blau-Weiß**. Die Grundfarbe ist reinweiß. Für die Zeichnungsfarbe sind die farblichen Anforderungen der entsprechenden nicht gescheckten Rassen anzuwenden. Die Zeichnungsfarbe ist intensiv und mit gutem Glanz versehen. Die Unterfarbe ist nur im Mantelbereich erforderlich. Die Augenfarbe ist bei den schwarz-weißen Tieren braun, bei den blau-weißen Tieren blau-grau. Die Krallen sind bei allen Farbenschlägen pigmentlos (weiß).

L. F.: Eine einzelne farbige Kralle.

S. F.: Mehr als eine farbige Kralle.

Allgemeines

Die Farbenzwerge sind ideal für Züchter und Liebhaber mit eingeschränkten Haltungsbedingungen. Eine Zeit lang schien es, als würden sie die deutschen Wohnzimmer erobern, denn sie dienten vielfach als Spielkameraden der Kinder. Doch hat auch ein Kaninchen Anspruch auf eine ihm gemäße Pflege. Tierliebe ist nicht zu erlernen; man muss sie vielmehr besitzen und die Möglichkeit haben, Kinder anzuleiten und anzuhalten. Als Spielzeug, dessen man rasch überdrüssig wird, ist das Kaninchen zu schade.

Auch der Rassekaninchenzüchter, der sich, allzu oft animiert von der „Niedlichkeit" der Farbenzwerge, ihrer Zucht zuwandte, verlor häufig sehr schnell die Geduld, wenn er merkte, wie viel Schwierigkeiten diese Zucht in sich trägt. Neben diesen „Wechselzüchtern", die kommen und gehen, haben viele Farbenzwergrassen auch geduldige und engagierte Züchter gefunden, die sich allen Schwierigkeiten dieser Zucht stellen.

Einige Farbenschläge stehen in ihren Spitzenzuchten, was den Zwergentyp anbelangt, den Hermelin nicht mehr nach. In den letzten Jahren ist angesichts der schlechter werdenden Möglichkeiten, große Kaninchenrassen zu züchten, die Beliebtheit der Zwerge gestiegen.

Abteilung V – Haarstrukturrassen

Satin (Sa)

Zuchtziel

Hauptrassemerkmal ist die ungewöhnliche Struktur des Fellhaares und – dadurch bedingt – der bei keiner anderen Rasse zu beobachtende Glanzeffekt der Fellfarben. Da der Satin-Faktor wie der Rex-Faktor angeblich eine Schwächung der Konstitution bewirken soll, sollte der Züchter auf Vitalität und Robustheit seiner Zuchttiere noch mehr als sonst achten. Zwar sind die elfenbeinfarbigen Satin nach wie vor am stärksten verbreitet, die „wahre Satinzucht" jedoch befasst sich mit den pigmentierten Satinrassen, denn erst hier entfaltet der „Satinfaktor" seine ganze Wirkung.

Geschichtliches

Mitte der 1930er-Jahre hatte der Züchter Walter Hueg/USA in einem Havanna-Wurf ein einzelnes Tier entdeckt, dessen Fellhaar wie Seide glänzte. Auf einer der nächsten Ausstellungen wurde es von Kennern und Laien bewundert, wenig später wurde die neue Rasse in den Standard of Perfection aufgenommen. 1973 wurde sie auch in der Bundesrepublik anerkannt. Im Gegensatz zu Amerika, in dem die Rasse mit über 5 kg zu den größeren gehört und eine verjüngte Form mit extrem breit ausgeprägter Hinterpartie sowie einem Karpfenrücken angestrebt wird, ist in Deutschland das Zuchtziel bezüglich Form und Typ an das Havannakaninchen angelehnt. Die Rasse, insbesondere der elfenbeinfarbene Schlag, hat nach und nach eine große Verbreitung gefunden. Bleibt zu hoffen, dass, wie es sich tendenziell bereits andeutet, auch die anderen Farbenschläge noch viel mehr Züchter finden werden.

Allgemeine Forderungen an alle Satin

Körperform, Typ, Bau, Stellung

Gewicht: 2,5 bis 3,25 kg, Normalgewicht 3,25 kg und mehr, Höchstgewicht 4 kg.
Form, Stellung: Der Körper ist zwar leicht gedrungen, jedoch keinesfalls plump. Die Stellung ist mittelhoch.
Rumpf: Der Rumpf ist breit, vollfleischig, nicht verjüngt und ohne sichtbaren Hals.
Rücken: Die Rückenlinie verläuft ebenmäßig, ist hinten gut abgerundet.
Läufe: Knapp mittellang, kräftig, gerade, breit gestellt.
Kopf: Der Kopf ist kurz und breit, aber nicht so kräftig ausgeprägt wie bei den ausgesprochen gedrungenen Rassen. Er ist dicht am Körper angesetzt. Er wirkt besser, wenn die Nasenlinie leicht geramst ist.

Ohren: Die Ohren sind fest und stabil im Gewebe, an den Enden gut abgerundet und entsprechen in der Länge dem leicht gedrungenen Körper.

Fell

Fellhaar: Das Fellhaar weist eine Länge von 3 cm auf. Es ist dicht und fühlt sich weich an. Es zeigt eine sehr dichte Begrannung, welche bewirkt, dass das Fell beim Streichen gegen den Strich schneller in die Ausgangslage zurückgleitet als beim Normalhaar. Die Grannen selbst sind fein und überragen das Unterhaar nur wenig.
Haarstruktur: Die Verdünnung des Haarschaftdurchmessers muss bei allen Haartypen, also beim Grannen-, Deck- und Unterhaar, eindeutig erkennbar sein. Daher ist bei der Felldichteprüfung, trotz guter Felldichte der Satin, die Haut deutlicher erkennbar.
Satinfaktor: Die Haarhaut wird beim Satin gebildet durch ein transparentes Oberflächenhäutchen mit sehr feiner, schindelartiger Struktur. Im Gegensatz zum Normalhaar mit grob strukturiertem, milchigem Oberflächenhäutchen erfolgt bei den Satin eine deutlich intensivere Farbwiedergabe. Außerdem tritt stark ein seidiger Glanz (Satin = Seide) des Fells in Erscheinung.

Bei allen farbigen Satinkaninchen erscheint die Farbe etwas dunkler als bei den entsprechenden Normalhaartieren. Besonders stark tritt diese Abdunkelung der Farbe bei den feh- und luxfarbigen Satin zutage. Das ist eine normale Folge der Lichtbrechungs- und -reflexionseigenschaften des Satinhaares und kein Fehler!

Im Folgenden werden die verschiedenen Farbenschläge aufgeführt.

Satin-Elfenbein (SaE)

Farbe

Die Elfenbeinfarbe ist am ganzen Körper intensiv. Die Augenfarbe ist blassrot oder blau, die Krallen sind farblos.
L. F.: Wenig Seidenglanz; wenig Elfenbeintönung.
S. F.: Kein Seidenglanz; reinweiße Fellfarbe.

Satin-Schwarz (SaSch)

Farbe

Die **Deckfarbe** ist glänzend schwarz und soll sich gleichmäßig über den ganzen Körper erstrecken. Die Augen sind dunkelbraun, die Krallen dunkelhornfarbig. Die **Unterfarbe** ist dunkelblau bis zur Haut.
L. F.: Weiß durchsetzte Deckfarbe; brauner Anflug (Rost); helle oder durchsetzte Unterfarbe.
S. F.: Stark weiß durchsetzte Deck- oder Unterfarbe; starker Rost; sichtbare weiße Büsche; falsche Augen- oder Krallenfarbe.

1,0 Satin-Elfenbein RA

1,0 Satin-Blau

Satin-Blau (SaBl)

Farbe

Die **Deckfarbe** ist glänzend mittelblau und erstreckt sich über den gesamten Körper. Die Augen sind blaugrau, die Krallen dunkelhornfarbig. Die **Unterfarbe** ist eine Nuance heller und geht bis zur Haut durch.

L. F.: Helle, melierte Decke; sehr dunkle Decke; leichter brauner Anflug helle oder leicht durchsetzte Unterfarbe; helle Krallen.

S. F.: Zu helle oder zu dunkle (fast schwarze) Decke; starker Rost; stark weiß durchsetzte Decke; sichtbare weiße Büschel in der Decke; andere als die vorgeschriebene Augenfarbe; zweierlei Krallenfarbe; stark durchsetzte Unterfarbe; am Haarboden weiß abgesetzte Unterfarbe.

Satin-Havanna (SaHav)

Farbe

Die **Deckfarbe** ist glänzend dunkelbraun, je satter, desto besser, am ganzen Körper gleichmäßig getönt. Die Augen sind braun, leicht rot durchleuchtend, die Krallen sind dunkelhornfarbig. Die **Unterfarbe** ist blau, bis zur Haut durchgehend.

L. F.: Melierte Decke; Rostanflug; etwas helle Krallen; durchsetzte Unterfarbe.

S. F.: Stark weiß durchsetzte Deck- und Unterfarbe; sichtbare weiße Büschel; starker Rost; deutlich über der Haut weiß abgesetzte Unterfarbe; andere Augenfarbe; farblose oder zweierlei Krallen.

1,0 Satin-Havanna

Satin-Rot (SaRo)

Farbe

Die **Deckfarbe** ist intensiv glänzend orangerot bis rot und gleichmäßig. Kinnbacken, Augeneinfassung und Blumenunterseite sind cremefarben, die Bauchdecke ist heller als die übrige Deckfarbe. Die Augen sind braun, die Krallen hornfarbig. Die **Unterfarbe** ist cremefarben und geht bis zur Haut durch.

L. F.: Abweichungen der Deckfarbe nach Hell oder Dunkel; leichter dunkler Anflug auf der Decke oder an den Ohrenrändern; fast elfenbeinfarbene Blumenunterseite; helle Bauchdeckfarbe; durchsetzte Unterfarbe.

S. F.: Stark mit weißen oder mit schwarz gespitzten Haaren durchsetzte Deckfarbe; schwarze Ohrenränder; gänzlich weiße Bauchfarbe oder Blumenunterseite; über der Haut deutlich weiß abgesetzte Unterfarbe.

Satin-Feh (SaFe)

Farbe

Die **Deckfarbe** ist ein glänzendes, helles Blau, überzogen mit einem leichten bräunlichen Schleier, der an den kurz behaarten Körperstellen am stärksten in Erscheinung tritt. Aufgrund des Satinfaktors ist die Fehfarbe etwas dunkler als bei normalhaarigen Marburger Feh. Die Augen sind blaugrau, je nach Lichteinfall rötlich durchleuchtend, die Krallen sind dunkel bis hornfarbig. Die **Unterfarbe** weicht kaum von der Deckfarbe ab und geht bis zur Haut durch.

L. F.: Leicht durchsetzte oder melierte Deckfarbe; leichter Rost; etwas helle Unterfarbe.

S. F.: Starke Farbabweichungen; farblose Krallen; über dem Haarboden deutlich weiß abgesetzte Unterfarbe.

Satin-Kalifornier (SaKal)

Farbe und Zeichnung

Zugelassen wurde 1994 zunächst nur der **schwarz-weiße** (elfenbeinfarbige) Farbenschlag, im Jahre 2000 kam der **havannafarbig-weiße** dazu.

Die Zeichnung erfasst Maske, Ohren, Vorderläufe, Hinterläufe und Blume. Die Maske hat eine ovale Form, ist gut abgerundet, soll die Nase abdecken und seitlich bis zum Oberkiefer reichen. Auch den Unterkiefer darf sie einfassen. Sie sollte jedoch nicht zu groß sein und über Augenhöhe reichen. Die Ohren sind an der Wurzel möglichst scharf abgegrenzt. Die Zeichnung der Vorderläufe reicht bis zum Ellenbogen, die der Hinterläufe bis übers Sprunggelenk. Die Blume ist von der Wurzel bis zur Spitze gezeichnet.

Die Grundfarbe ist elfenbeinfarbig, die Zeichnungsfarbe schwarz oder satthavannafarbig. Die Augen sind blassrot, die Krallen dunkel.

L. F.: Ungleichmäßige, zackige Maske; Augenrandanflug; Farbsäume zwischen Grund- und Zeichnungsfarbe; kleiner Zeichnungsfleck an der Kehle.

1,0 Satin-Kalifornier, schwarz-weiß

S. F.: Zu große Maske; ausgeprägte Augenringe; weiße Flecken in der Zeichnung, schwarze Flecken in der Grundfarbe; zweierlei oder farblose Krallen.

Satin Hasenfarbig (SaHa)

Farbe

Die Farbe entspricht der des Hasenkaninchens: Wegen des etwas längeren Fells und der feineren Begrannung ist jedoch die hasenkaninchen-typische Schattierung bei den entsprechenden Satin nicht so extrem ausgeprägt.

Die **Deckfarbe** ist rotbraun, glänzend, mit einer feinen schwarzen Schattierung. Brust und Läufe sind nicht schattiert. Bauchdecke, Kinnbackeneinfassung, Augeneinfassung und Blumenunterseite sind lohfarbig – je intensiver, desto besser. Die Augen sind braun, die Krallen dunkelhornfarbig. Die **Zwischenfarbe** ist sehr breit und leuchtend orangerot (etwa 10 mm). Die **Unterfarbe** am Rücken ist blau und mit etwa einem Drittel der Haarlänge nicht zu breit. Am Bauch ist blaue Unterfarbe nur in Brust- und Schoßpartie erwünscht, ansonsten ist die Unterfarbe hier kräftig lohfarbig.

L. F.: Wenig Schattierung; hell abgesetzte Seiten und Schenkel; blasse Lohe; weiße Blumenunterseite; etwas breite Unterfarbe.

S. F.: Fast schwarze Deckfarbe am Rücken; fehlende Schattierung; sichtbare weiße Flecken; stark weiße Durchsetzung; Fehlen der blauen Unterfarbe auf der Brust und in den Schoßflecken.

Satin-Thüringer (SaTh)

Farbe

Die Thüringerfarbe erscheint unter Einwirkung des Satinfaktors viel intensiver und kontrastreicher als im Normalhaarfell.

Die **Deckfarbe** ist glänzend sattorangerot. Sie wird mit einem leichten Schleier aus rußfarbig gespitzten Grannenhaaren überzogen. Bauchfarbe und Farbe der Abzeichen sind dunkel (rußartig). Leichte Abweichungen der Gesamtfarbe hin nach Hell oder Dunkel sind statthaft, jedoch ist dem mittleren Schlag der Vorzug zu geben. Die Augen sind braun, die Krallen sind dunkelhornfarbig.
Die **Abzeichen** bestehen aus der Maske, die nicht über Augenhöhe reichen sollte, den dunklen Ohren, Läufen, Augeneinfassungen, Kinnbackeneinfassungen, Flanken und Schenkeln sowie der dunklen Blume. Sie sind nicht scharf abgegrenzt, sollten intensiv – jedoch nicht schwarz – sein. Die Unterfarbe ist an den hellen Körperstellen kräftig gelbrot, bis zur Haut reichend, an den dunklen Körperstellen cremefarben.
L. F.: Weiß durchsetzte Unterfarbe; sehr schwacher oder sehr starker Rußanflug in der Decke; unklare, verwaschene Abzeichen; aufgehellte oder leicht unreine Unterfarbe.

0,1 Satin-Thüringer

S. F.: Starke, weiße Durchsetzung; sichtbare weiße Büschel; völlig fehlender Rußanflug am Rücken; fehlende Abzeichen; einfarbiger, dunkler Kopf; blaue Unterfarbe auf dem Rücken.

Satin-Chinchilla (SaCh)

Farbe

Die Farbe entspricht zwar im Wesentlichen der normalhaariger Chinchillakaninchen, jedoch tritt wegen der feineren Begrannung des Satin-Fells bei den chinchillafarbigen Satin die Schattierung nicht so extrem auf wie bei den Normalhaarchinchillas.
Die **Deckfarbe** erscheint als ein bläulich abgetöntes Aschgrau mit einer flockigen Schattierung. Die Deckfarbe wird durch weiß-schwarz gespitzte Haare gebildet, zwischen denen reinschwarz gespitzte Haare büschelartig zusammenstehen, die eine leicht flockige Schattierung ergeben. Beim Hineinblasen ins Fell wird ein etwa 2 bis 3 mm breiter schwarzer Streifen sichtbar, der sich unter der Decke befindet. Die Farbe von Brust und Läufen sollte der Gesamtfarbe entsprechen, ist jedoch nicht schattiert. Die Ohrenränder sind schwarz gesäumt, der Genickkeil ist klein und grauweiß. Die Bauchdecke ist weißlich mit dunklen Schoßflecken. Die Augen sind dunkelbraun, die Krallen dunkelhornfarbig.

Aufgrund des Satinfaktors sind beim Satin-Chinchilla die Farbkontraste im Fell gegenüber dem normalhaarigen Satin deutlich reduziert. Die **Zwischenfarbe** ist etwa 5 mm breit, möglichst weiß und scharf abgegrenzt gegenüber Deck- und Unterfarbe. Die **Unterfarbe**, die etwa zwei Drittel der Haarlänge erfasst, ist bläulich auch am gesamten Bauch vorhanden. Bei überjährigen Häsinnen wird sie mit Rücksicht darauf, dass diese sich zum Nestbau den Bauch rupfen, nur noch in der Schoßpartie gefordert.

L. F.: Schwache Schattierung; leichter, bräunlicher Anflug (Rostanflug); Bindenansätze; etwas schmale oder etwas breite, verwaschene Zwischenfarbe; unreine Unterfarbe; Vorhandensein der Bauchunterfarbe nur im Brust- und Schoßbereich.
S. F.: Fehlende Schattierung, starker Rost; braun getönte, zu breite oder fehlende Zwischenfarbe; stark durchsetzte Unterfarbe; Fehlen der Bauchunterfarbe auch im Brust- und Schoßbereich.

Satin-Siamesen (SaSiam)

Farbe

Die **Deckfarbe** bei den Siamesen ist ein helles, cremiges Gelbbraun, gebildet durch rußfarbig gespitzte Haare, das am deutlichsten an den mit Abzeichen behafteten Körperstellen zur Geltung kommt. Die nicht von den Abzeichen erfassten Körperstellen hingegen wie Backen, Brust, Bauch und Flanken sind sehr hell, im Idealfall elfenbeinartig. Die Augen sind braun, je nach Lichteinfall rötlich durchleuchtend, die Krallen sind hornfarbig.

Die **Abzeichen** bestehen aus der Maske, die etwa bis in Augenhöhe läuft und nicht scharf begrenzt ist, der dunklen Augeneinfassung, den dunklen Ohren, den dunklen Läufen, einschließlich Hinterschenkeln, der dunklen Blume sowie dem dunkleren Rückenstreifen. Die **Unterfarbe** ist weiß bis schmutzig weiß.
L. F.: Fleckige Decke; unvollständiger Rückenstreifen; etwas verschwommene Abzeichen.
S. F.: Völlig dunkler Kopf; völliges Fehlen eines Abzeichens; weiße Büschel; ausgeprägte Thüringerzeicnung.

Satin-Castor (SaCa)

Farbe

Die **Deckfarbe** ist glänzend rötlich kastanienbraun und mittel bis dunkel getönt. Sie soll möglichst gleichmäßig über den ganzen Körper gehen und an den Seiten weit nach unten reichen. Auf der gesamten Decke soll ein dunkler Schleier, gebildet aus schwarz gespitzten Grannen, liegen. Kinnbacken- und Augeneinfassung sind cremefarben, ebenso die Innenseite der Läufe. Bauchdecke und Blumenunterseite sind reinweiß bis elfenbeinfarbig. Der Nackenkeil ist klein und rostbraunrot. Die Augen und die Krallen sind dunkelbraun.

Die **Zwischenfarbe** ist leuchtend rostbraun, etwa 5 mm breit und zur Unterfarbe scharf abgegrenzt. Die **Unterfarbe**, die etwa zwei Drittel der Haarlänge erfasst, ist blau, ebenso die Bauchunterfarbe am gesamten Bauch.
L. F.: Etwas helle oder leicht durchsetzte Deckfarbe; leichter Grauton; helle Binden; etwas schmale oder etwas breite Zwischenfarbe; etwas helle oder durchsetzte Unterfarbe; aufgehellte Bauchunterfarbe, soweit sie noch an Brust und Schoß vorhanden ist.
S. F.: Fast schwarze Deckfarbe; völlig graue Seiten und Schenkel; stark weiß durchsetzte Decke; cremefarbene Bauchdecke; völliges Fehlen der blauen Bauchunterfarbe; sehr schmale, sehr breite oder stark verwaschene Zwischenfarbe; andere als die vorgeschriebene Krallen- und Augenfarbe.

Satin-Lux (SaLu)

Farbe

Die **Deckfarbe** auf der Oberseite ist hellsilberblau mit durchscheinender braunroter Tönung (fehwildfarbig). Der Nackenkeil ist klein und braunrot. Augeneinfassung, Kinnbackeneinfassung, Bauchdecke, Innenseite der Läufe sowie Unterseite der Blume sind hell bis weiß. Die Augen sind blaugrau, je nach Lichteinfall rötlich durchleuchtend. Die Krallen sind hornfarbig.

1,0 Satin-Lux

Aufgrund des Satinfaktors erscheint die Deckfarbe etwas dunkler als beim Normalhaar-Luxkaninchen. Die **Zwischenfarbe** ist braunrot, etwa 6 bis 8 mm breit und scharf abgegrenzt. Die Unterfarbe ist am Oberkörper reinweiß und scharf abgegrenzt, am Bauch ist sie bläulich. An die Bauchunterfarbe sollten keine übertrieben hohen Anforderungen gestellt werden, weil diese einerseits durch den Satinfaktor etwas verdünnt wird und andererseits die meisten Tiere mit einwandfreier Färbung am Rücken hier ihre Schwierigkeiten haben, während solche mit leicht vergrauter Rückenunterfarbe meist einwandfreie Bauchunterfarben haben.

L. F.: Helle Binden; leichter Rost; etwas schwache oder schmale Zwischenfarbe; leicht unreine Rückenunterfarbe; schwache Bauchunterfarbe.
S. F.: Stark weiß durchsetzte Deckfarbe; weiße Büschel; starker Rost; fehlende Zwischenfarbe; bläuliche Unterfarbe am Rücken; Fehlen der Bauchunterfarbe am gesamten Bauch.

Satin-Rhön (SaRh)

Farbe und Zeichnung

Die Zeichnung besteht aus Flecken, Streifen und Spritzern, die über den ganzen Körper möglichst gleichmäßig verteilt sein sollen. Kopf, Ohren und Läufe sind mit einbezogen. Die Blume bleibt unberücksichtigt. Die Grundfarbe ist weiß glänzend mit einer elfenbeinfarbigen Tönung, die Zeichnungsfarbe ist graufarbig bis schwarzgrau. Je intensiver und klarer die Farben sind, umso besser ist das gesamte Farbbild. Die Augen sind braun, die Krallen sind hornfarbig.

L. F.: Fehlen von Zeichnung an einem Ohr oder beiden Vorderläufen; etwas volle, grobe oder verschwommene bzw. etwas schwache Zeichnung; geteilte Kopfzeichnung; etwas gelber oder brauner Anflug; etwas matte oder etwas helle Zeichnungsfarbe.
S. F.: Gänzliches Fehlen von Zeichnung am Kopf und/oder an beiden Ohren; kreuzweise geteilte Kopf- und Ohrenzeichnung; zu große Zeichnungsfelder bzw. Felder ohne Zeichnung, die mehr als ein Viertel des Körpers bedecken; stark verschwommene Zeichnung; abweichende Zeichnungsfarbe; starker gelber oder brauner Schleier; andere als braune Augen; pigmentlose Krallen.

0,1 Satin-Rhön

Allgemeines

Die Satinkaninchen sind eine leistungsfähige und überaus frohwüchsige Rasse, die leider in vielen Stämmen auch verstärkt zur Verfettung neigt. Man sollte zur Schlachtung vorgesehene Tiere also entweder früh schlachten oder zurückhaltend füttern. In der Zucht muss Wert auf Reinerbigkeit gelegt werden. Tiere, die auf Fremdrasseneinkreuzung schließen lassen (Neuseeländertyp) sollten ausgemerzt werden. Kreuzungen der einzelnen Farben untereinander sollten unterbleiben. Zu beachten ist des Weiteren, dass bei Rammlern relativ häufig ein missgebildeter Penis auftritt (Spaltpenis, angewachsen oder verwachsen). Ziel sollte sein, die Rasse wammenfrei zu züchten.

Zwerg-Satin (ZwSa)

Zuchtziel

Zuchtziel ist ein echtes Zwergkaninchen im Hermelin-/Farbenzwergentyp mit der Haarstruktur des Satinkaninchens.

Körperform, Typ, Bau, Stellung, Fellhaar

Gewicht: Normalgewicht über 1,1 bis 1,35 kg, Mindestgewicht 1,0 kg, Höchstgewicht 1,5 kg.

Die Zwerg-Satin sind ausgesprochene Zwergkaninchen. Um einerseits einer allzu intensiven Verzwergung vorzubeugen und andererseits den Typus eines Zwergkaninchens vollendet zu erhalten, gilt als Normalgewicht ausgewachsener Zuchttiere ein solches zwischen 1,1 und 1,35 kg.

Form, Stellung: Als ausgesprochene Zwergkaninchen weichen die Zwerg-Satin im Typ ganz erheblich von den übrigen Rassen ab. Die Körperform ist gedrungen, walzenförmig, vorne und hinten gleichmäßig breit. Der Rumpf ist kurz und die Hinterpartie gut abgerundet. Die kurzen Läufe sind dem Zwergtyp angepasst. Die Blume ist klein und liegt fest am Körper an. Der Körper der Häsin unterscheidet sich von dem des Rammlers kaum und ist wie der des Rammlers von jeglichem Wammenansatz frei.

L. F.: Siehe Hermelin und Farbenzwerge; leichte Abweichungen vom Typ, insbesondere leicht verjüngte oder leicht gestreckte Form.

S. F.: Siehe Hermelin und Farbenzwerge; insbesondere stark vom Typ abweichender schmaler und lang gestreckter Rumpf; Wammenansatz bei beiden Geschlechtern.

Kopf: Der Kopf tritt entsprechend dem Zwergkaninchentyp markant in Erscheinung. Er ist kurz und kräftig, Stirn und Schnauzpartie sind breit (Stirnbreite beim Rammler in Augenhöhe etwa 5,5 cm, bei der Häsin etwa 5 cm). Der Kopf sitzt dicht am Rumpf. Die Augen sind groß und treten etwas hervor. Der Kopf der Häsin tritt eben-

falls markant in Erscheinung; er ist jedoch vor allem infolge der weniger ausgeprägten Backenbildung insgesamt etwas feiner.
L. F.: Nicht entsprechend ausgeprägte Kopfbildung, etwas schmale Stirn, spitze Schnauze.
S. F.: Häsinnenkopf beim Rammler; ausgeprägter Rammlerkopf bei der Häsin.
Ohren: Die Ohren sind, der Zwergform entsprechend, relativ kurz, sollen aber dennoch in einem harmonischen Verhältnis zur Größe des Kopfes und des Rumpfes stehen. Als ideal gilt eine Ohrenlänge von etwa 5,5 cm je nach Größenrahmen des Tieres. Die Mindestlänge beträgt 4,5 cm, die Höchstlänge 7 cm. Die Ohren sollen zusammenstehend, nach oben leicht V-förmig geöffnet getragen werden. Sie sollen, der Zwergrasse entsprechend, stabil und fest im Gewebe und oben schön abgerundet sein.
L. F.: Etwas lange Ohren über 6 cm bis zur Höchstlänge von 7 cm, Abzüge je nach Grad der Abweichung und nach Gesamterscheinungsbild (in der Regel für jeden halben Zentimeter ein Punktabzug); etwas grob erscheinende Ohren oder breit getragene Ohren; dünne, faltige oder spitze Ohren.
S. F.: Zu kurze Ohren unter 4,5 cm oder zu lange Ohren über 7 cm; in der Haltung stark abweichende, sehr dünne oder zu grob strukturierte Ohren.

0,1 Zwerg-Satin, rot

Fellhaar: Das Fellhaar der Zwergsatin verbindet die typischen Eigenschaften des Zwergkaninchenfells mit denjenigen der Haarstrukturrassen. Von einem Zwergkaninchen wird ein kurzes, dichtes und weiches Fellhaar verlangt; die Begrannung ist fein und gleichmäßig. Die Verdünnung des Haarschafts muss ebenfalls eindeutig erkennbar sein; sie verleiht den Zwergsatin eine eigentümliche feine, besonders geschmeidige Struktur. Diese ist das entscheidende Typmerkmal der Zwerg-Satin und tritt auch an den kürzer behaarten Stellen wie Kopf und Läufen intensiv in Erscheinung. Daher erscheint das Fellhaar etwas dünner im Vergleich zu Hermelin und Farbenzwergen. Die Ohren sind gut behaart. Genick und Schoßpartie sind frei von Lockenbildung.
L.F.: Vor allem etwas langes Fellhaar; etwas wenig Dichte.
S. F.: Insbesondere grobe Begrannung; starke Lockenbildung.

Satinfaktor

Infolge der Verdünnung des Haarschafts (vgl. Pos. 3) tritt am ganzen Körper ein seidenartiger Glanz auffällig in Erscheinung. Dadurch unterscheidet sich das Zwerg-Satinkaninchen (Satin = Seide) deutlich von den Normalhaarrassen.
L. F.: Etwas schwacher Seidenglanz.
S. F.: Gänzliches Fehlen von Seidenglanz an einzelnen Körperpartien, das heißt am Kopf, an den Läufen, an der Brust, an einer Seite oder auf dem Rücken.

Farbe

Die Beschreibung der Farbe und Zeichnung entspricht sinngemäß derjenigen der anderen anerkannten Satinrassen einschließlich der leichten und schweren Fehler. Zurzeit ist nur der rote **Farbenschlag** anerkannt.

Für den roten Farbenschlag gilt folgende Farbbeschreibung:
Die **Deckfarbe** ist intensiv, glänzend orangerot bis rot und gleichmäßig. Kinnbacken, Augeneinfassung und Blumenunterseite sind cremefarben, die Bauchdecke ist heller als die übrige Deckfarbe. Die Augen sind braun, die Krallen hornfarbig. Die **Unterfarbe** ist cremefarben und geht bis zur Haut durch.
L. F.: Helle oder durchsetzte Deckfarbe; dunkler Anflug auf der Decke oder an den Ohrenrändern; durchsetzte Unterfarbe.
S. F.: Stark weiß oder stark mit schwarzen Haaren durchsetzte Deckfarbe; andersfarbige Augen; zweierlei Krallenfarbe; pigmentlose Krallen; völlig schwarze Ohrenränder; gänzlich weiße Bauchfarbe oder Unterseite der Blume; weiße Unterfarbe am Haarboden.

Als Neuzüchtung in Bearbeitung ist der thüringerfarbige Farbenschlag.

Abteilung VI – Kurzhaarrassen

Rexkaninchen (Rex)

Zuchtziel

Ihr Fell begründet die Eigenart dieser Rasse, denn Unterwolle und Deckhaar sind bedeutend kürzer als bei den Normalhaarrassen. Die Haare sind 17 bis 20 mm lang und stehen senkrecht zum Haarboden. Die Grannenhaare sind äußerst fein, dürfen nicht gekrümmt sein, sollen mit der Unterwolle glatt abschneiden oder diese nicht mehr als 1 mm überragen. Das Merkmal der Kurzhaarigkeit lässt sich durch Kreuzung auf alle Kaninchenrassen übertragen; daraus erklärt sich die große Farbauswahl der Rexe.

Geschichtliches

Eines Tages im Jahre 1919 entdeckte der französische Kleinbauer Caillon in Coulongé im Nest einer grauen Kreuzungshäsin ein Jungtier, dem das Haar später als seinen Wurfgeschwistern wuchs. Dies wiederholte sich auch beim nächsten Wurf. Abbé Amedé Gillet, der Pfarrer des Dorfes, wurde aufmerksam und kaufte dem Bauern beide Tiere, ein Paar, ab. Deren Nachkommen waren durchweg kurzhaarig und ausnahmslos mit einem körperlichen Defekt behaftet. Deshalb kreuzte Gillet normalhaarige Tiere ein. Sechs Tiere aus solchen Würfen stellte er 1924 in Paris als „Castor-Rexe" der staunenden Öffentlichkeit vor. 1926 wurden die ersten Rexe in Deutschland gezeigt. Sie waren hier, wie überall, wo sie auftauchten, die Sensation aller Ausstellungen.

Von der schwächeren Vitalität, welche die ältere Literatur gern den Rexen zuschrieb, ist heute kaum noch etwas zu merken. Lediglich Kahlstellen unter den Sohlen, teilweise auch wunde Läufe, finden wir bei den Rexen häufiger als bei den anderen Rassen; das mag jedoch auch an der dünnen Behaarung liegen. Einige Farbenschläge gehören mit zu den Spitzenrassen der deutschen Kaninchenzucht, andere fristen ein Schattendasein.

Gewicht

Wegen der unterschiedlichen Abstammung der Rexe gibt es zwei Klassen der Gewichtsbewertung:

Chin-Rexe, Blau-Rexe, Weiß-Rexe, Dreifarben-Schecken-Rexe, Dalmatiner-Rexe, Gelb-Rexe, Castor-Rexe, Schwarz-Rexe, Havanna-Rexe, Blaugrau-Rexe, Rhön-Rexe, Japaner-Rexe:
2,5 bis 3,5 kg, Normalgewicht über 3,5 kg, Höchstgewicht 5,0 kg.

Feh-Rexe, Lux-Rexe, Loh-Rexe, Marder-Rexe und Russen-Rexe:
2,375 bis 3 kg, Normalgewicht über 3 kg, Höchstgewicht 4,5 kg.

Diese Gewichtsbewertung soll jedoch bis 2017 vereinheitlicht werden:
Gewichtsbewertung ab 2017:
2,75 kg 17 P.
2,75 kg bis 3,00 kg 18 P.
3,00 kg bis 3,25 kg 19 P.
über 3,25 kg 20 P.
Höchstgewicht 4,5 kg

In der Übergangszeit bis zum Beginn des Zuchtjahres 2017 (01.10.2016) sind die bisherigen Tabellen oder die vorstehende Neuregelung jeweils zum Vorteil des Tieres anzuwenden. Die Neuregelung der Gewichtsbewertung dient u.a. der klareren Abgrenzung der Rassen Rexkaninchen und Klein-Rexe.

Körperform, Typ, Bau, Stellung, Fellhaar

Form, Stellung: Vorbild für alle Rexe sind Körperform und Bau des Castor-Rex. Als Folge des kurzen Haares weicht die Form von der der normalhaarigen Rassen etwas ab, weil die Umrisse der Körperform schärfer in Erscheinung treten. Wesentlich ist eine leicht gestreckte, dennoch harmonisch wirkende Form.
Kopf: Erscheint etwas länglicher als bei den Normalhaarrassen, dennoch sind Stirn und Schnauze breit, die Backen kräftig.
Ohren: Kräftig, fleischig, gut behaart; sie werden straff aufgerichtet getragen und haben in Länge und Breite dem Körper zu entsprechen. Verglichen mit den Ohren der normalhaarigen Rassen erscheinen sie etwas länger.
Rumpf: Leicht gestreckt, walzenförmig, Vorder- und Hinterpartie gleichmäßig breit; Schulter gut bemuskelt, Hinterpartie gut gerundet. Hals und Nacken nur leicht sichtbar angedeutet.
Blume: Aufgerichtet und anliegend getragen.
Rücken: Rückenlinie ebenmäßig, Hinterpartie gut gerundet.
Läufe: Mittellang, kräftig, gerade.
Fellhaar: Verlangt wird ein sehr dichtes und auf dem Haarboden fast senkrecht stehendes Fellhaar, das auf der Rückenmitte eine Länge von 17 bis 20 mm hat. Wellen- oder gar Lockenbildung der einzelnen Haare ist verpönt. Die Haare haben stabil zu sein, sodass sie, mit der flachen Hand gegen den Strich niedergedrückt, senkrecht stehen bleiben oder nur langsam ihre ursprüngliche Lage einnehmen. Bei einem zu dünnen oder zu weichen Fell bleiben die Haare liegen.
Die Grannenhaare sind fein, gerade und haben die gleiche Länge wie das Unterhaar; jedenfalls sollen die Grannenspitzen das Wollhaar höchstens 1 mm überragen. Der Keil im Nacken ist möglichst klein und lockenfrei. Das Fell ist umso wert-

voller, je glatter die Nackenpartie ist; doch werden sich wellige oder lockige Haare im Nackenkeil und am Bauch, vor allem aber in der Geschlechtspartie nicht völlig umgehen lassen.
L. F.: Leichte Wirbel- oder Lockenbildung in der Decke (Keil und Bauch ausgenommen); Grannen, die mehr als 1 mm überstehen; etwas dünnes und weiches Haar.
S. F.: Zu kurzes oder zu langes Haar; sehr lange, überstehende Grannen; starke Wirbel- oder Lockenbildung in der Decke.

Häsin: Eine kleine, gut geformte Wamme ist bei älteren Häsinnen zugelassen.

Chin-Rexe (ChRex)

Farbe

Der Farbeffekt der **Deckfarbe** ist ein mittel- bis dunkelbläulich überhauchtes lichtes Aschgrau, möglichst auch an Kopf, Brust, Läufen und Flanken tief nach unten gehend. Darüber breitet sich die dunkle Schattierung aus, allerdings nicht flockig wie beim Großchinchilla, sondern schleierartig. Augen- und Kinnbackeneinfassung dürfen heller sein; die Ohrenränder sind schwarz gesäumt, grauweiß ist der

0,1 Chin-Rexe

möglichst kleine, glatte Genickkeil. Weiß ist die Bauchdeckfarbe und die Unterseite der Blume; ihre Oberseite erscheint durch schwarze und grauweiße Haare gesprenkelt.

L. F.: Helle Brust und Vorderläufe; Binden; etwas helle Seiten und Flanken,: bräunlicher Anflug an Kopf und Ohren; großer Keil; schwache Ohrenränder; leichter Rostanflug.
S. F.: Starker bräunlicher Ton in der Deckfarbe (Rost); zu großer Keil; gänzlich helle Brust und Vorderläufe; völlig ungleichmäßige oder silbrige Schattierung; starker Rost.
Die Augen sind dunkelbraun, die Krallen schwarzbraun.
S. F.: Marmorierte oder andere als braune Augen; zweierlei oder farblose Krallen.

Die **Zwischenfarbe** erreicht etwa ein Viertel der Haarlänge und ist reinweiß bis grauweiß. Von der Deck- und Unterfarbe soll sie scharf abgegrenzt sein.
L. F.: Schmale oder verschwommene Zwischenfarbe.
S. F.: Fehlen der Zwischenfarbe.

Die **Unterfarbe** erfasst etwa ein Viertel der Haarlänge und ist dunkelblau. Sie ist es auch in der Bauchpartie. Allerdings tritt hier bei älteren Häsinnen häufig Pigmentverlust auf, doch soll die blaue Bauchunterfarbe wenigstens in der Schoßpartie vorhanden sein.
L. F.: Unreine, durchsetzte, helle Unterfarbe; weiße, helle oder bräunliche Unterfarbe in der Vorderpartie und am Bauch.
S. F.: Gänzliches Fehlen der Bauchunterfarbe, auch im Schoßbereich.

Blau-Rexe (BlRex)

Farbe

Die **Deckfarbe** ist am ganzen Körper dunkelblau. Zu dunkle Tiere erscheinen in einiger Entfernung fast schwarz. Die Deckfarbe ganz heller Tiere ist selten rein, vielmehr sind deren Haarspitzen meist meliert. Tiere mit einer etwa 1 cm breiten, sattblauen Deckfarbe sind farblich die besten. Auf Gleichmäßigkeit der Deckfarbe ist zu achten, auch Kopf und Ohren müssen dieselbe Farbe besitzen. Lediglich die Bauchfarbe ist etwas matter und hat weniger Glanz.

L. F.: Verblassung der Deckfarbe; geringe Abweichung des Farbtons an Ohren, Brust und Läufen; melierte Decke; bräunlicher Anflug; leichte Durchsetzung mit weißen Haaren; bräunlicher Anflug unter dem Deckhaar.
S. F.: Zu helle oder zu dunkle, fast schwarze Deckfarbe; starker Rost; stark weiß durchsetzte Decke, auch an den Ohren, besonders an den Ohrenrändern; starker brauner Anflug unter der Decke.

1,0 Blau-Rexe

Die **Unterfarbe** ist kaum heller als die Deckfarbe. Sie muss satt und rein sein und bis zum Haarboden reichen. Die Augen sind blaugrau, die Krallen dunkel.
S. F.: Stark weiß durchsetzte Unterfarbe; andere als blaugraue Augen; zweierlei oder farblose Krallen.

Weiß-Rexe (WRex)

Farbe

Die **Deckfarbe** ist reinweiß. Sie soll sich gleichmäßig ohne einen anderen Farbton (nach Gelb oder Grau) über die gesamte Decke erstrecken, in gleicher Weise auch Kopf und Ohren erfassen. Das Reinweiß des Fellhaares soll bis zum Haarboden durchgehen.

L. F.: Gelblicher Kopf oder grauer Anflug an der Hals- und Kinnpartie; gelblicher Anflug am Bauch.
S. F.: Stark gelblicher oder grauer Anflug der Decke.

Anerkannt sind **Rotaugen** und **Blauaugen**. Bei den Rotaugen sind die Augen blassrot, bei den Blauaugen hellblau; die Krallen sind farblos.
S. F.: Andere als die geforderte Augenfarbe.

1,0 Weiß-Rexe RA

Dreifarben-Schecken-Rexe (DrfSchRex)

Farbe

Die Grundfarbe sowohl der Decke als auch der Unterwolle ist reinweiß; die Zeichnungsfarben Schwarz und Gelb sind rein und intensiv und mit andersfarbigen Haaren möglichst nicht durchsetzt.
L. F. und S. F.: Leichte bzw. schwere Farbfehler wie bei der Rheinischen Schecken. Verlangt wird Dreifarbigkeit; die Merkmale der Kopf- und Rumpfzeichnung sind schwarz und gelb; lediglich die Backenpunkte dürfen einfarbig sein.

Die **Kopfzeichnung** besteht aus dem Schmetterling, den Augenringen, den Backenpunkten und der Ohrenzeichnung. Der Schmetterling sitzt auf der Mitte des Nasenrückens, beginnt in einem schön gerundeten Dorn, breitet sich mit vollen Flügeln über die Schnauzpartie aus und fasst den Unterkiefer an den Seiten schmal ein. Er ist möglichst symmetrisch und kräftig ausgebildet. Die Augenringe sind geschlossen und gleichmäßig breit. Die oben am Augenring auftretende kleine Zacke gilt nicht als Fehler. Die Backenpunkte stehen frei unter den Augenringen, sie sind rund oder oval geformt. Die Ohrenzeichnung ist an der Ohrenwurzel übergangslos abgegrenzt; ein kleiner Ausläufer der Ohrenzeichnung in der Stirnmitte bleibt unberücksichtigt.

Die **Rumpfzeichnung** wird gebildet vom Aalstrich und den Seitenflecken. Der Aalstrich zieht sich, im Genick beginnend, glatt und gleichmäßig breit (etwa 2 cm) bis zur Blumenspitze über den Rückenfirst hinweg. Die Seitenflecken, auf jeder Körperseite sechs bis acht, sollen auf Flanken und Schenkeln gleichmäßig verteilt sein. Sie müssen frei stehen und sollen nicht zu groß sein. Etwa vorhandene Flecken an Brust, Bauch, Läufen und der Unterseite der Blume werden nicht bewertet.
L. F.: Es gelten die leichten Fehler der Rheinischen Schecken.
S. F.: Es gelten die schweren Fehler der Rheinischen Schecken mit der Ausnahme, dass das ein- oder beidseitige Zusammenhängen des Augenringes mit den Backen-

0,1 Dreifarben-Schecken-Rexe

punkten oder der Ohrenfarbe nur als leichter Fehler gilt. Fehlen einer Zeichnungsfarbe jeweils im Schmetterling, in den Augenringen oder an einem Ohr; Fehlen einer Zeichnungsfarbe jeweils im Aalstrich oder an einer Seite.

Die Augen sind braun, die Krallen sind bei allen Farbenschlägen pigmentlos (weiß).
L. F.: Eine einzelne farbige Kralle.
S. F.: Andere als die vorgeschriebene Augenfarbe; mehr als eine farbige Kralle.

Allgemeines

Eine Verpaarung zweier Typenschecken ist aus Tierschutzgründen nicht mehr statthaft, weil daraus nach Mendel 25 % sogenannte Weißschecken fallen, die nicht lebensfähig sind und spätestens kurz vor Erreichen der Geschlechtsreife verenden. Näheres zu den weiteren seit 2015 in Kraft getretenen Bestimmungen finden Sie auf Seite 22.

Dalmatiner-Rexe (DRex)

Zeichnung

Kopfzeichnung: Die symmetrische Kopfzeichnung der Typenschecken ist möglichst aufgelockert. Dies gilt auch für den Schmetterling und die Augenringe. Die Punktscheckung soll ungleichmäßig über den Kopf verteilt sein. Die Farbe darf an den Ohren überwiegen, doch soll die helle Grundfarbe in die Ohren hinaufreichen, die leicht meliert sein dürfen. Die Schnauzpartie ist punktförmig gezeichnet.
Rumpfzeichnung: Anzustreben ist die typische Dalmatinerzeichnung. Der Aalstrich muss in unregelmäßige Punkte aufgelöst sein. Die unterschiedlich großen Zeichnungspunkte sollen den ganzen Körper bedecken. Sie dürfen nicht zu klein sein. Als ideal gilt ein Durchmesser von 1,5 bis 3,5 cm. Die Punkte sollen möglichst frei stehen, mit anderen nicht zusammenhängen oder mit diesen größere zusammenhängende Farbflächen bilden. Auch an Brust, Bauch, Blume und Läufen sind Zeichnungspunkte erwünscht. Auf jeder Körperseite sollten wenigstens fünf Zeichnungspunkte gut verteilt in Erscheinung treten.

L. F.: Wenige Zeichnungspunkte an Kopf und Körper; flächenartig aneinander hängende Punkte; größere zeichnungsleere Körperpartien (mit Ausnahme von Bauch und Läufen); Punktdurchmesser von über 3,5 bis 5 cm; Vorherrschen einer Zeichnungsfarbe in der Kopf- oder Rumpfzeichnung.
S. F.: Zeichnungsleerer oder voll farbiger Kopf; reinweiße Schnauze; völlig dunkle oder ganz weiße Ohren; weniger als drei Zeichnungspunkte auf jeder Körperseite; starkes Zusammenhängen der Rumpfzeichnung oder Punktdurchmesser über 5 cm; gänzliches Fehlen einer Zeichnungsfarbe im Bereich der Kopf- oder Rumpfzeichnung.

1,0 Dalmatiner-Rexe, dreifarbig

1,0 Dalmatiner-Rexe, schwarz-weiß

Farbe

Die Grundfarbe, mit gutem Glanz versehen, ist reinweiß. Ebenso weiß ist die Unterfarbe, die sich von der Grundfarbe nicht unterscheidet. Die Zeichnungspunkte sollen nicht mit weißen Haaren durchsetzt sein. Ausgenommen sind die Ohren, die meliert sein dürfen.

Anerkannt sind die Farbenschläge **Schwarz-Weiß, Blau-Weiß, Havannafarbig-Weiß, Sepiabraun-Weiß** sowie die **Dreifarbenscheckung** (Schwarz-Gelb-Weiß). Die Farbe Sepiabraun ist ein leuchtendes Mittelbraun mit rötlicher Tönung, die durch eine intensiv durchscheinende gelb-rot-braune Unterfarbe hervorgerufen wird. Die Augen sind braun, bei den blau-weißen Tieren blaugrau. Die Krallen sind bei allen Farbenschlägen pigmentlos (weiß).
L. F.: Die Zeichnungspunkte sollen nicht mit weißen Haaren durchsetzt sein; weiße Flecken in den Zeichnungspunkten; eine einzelne farbige Kralle.
S. F.: Durchgehender Aalstrich; zu stark weiß durchsetzte oder ganz unreine Zeichnungsfarbe; andere als die zugelassene Augenfarbe; mehr als eine farbige Kralle.

Allgemeines

Eine Verpaarung zweier Typenschecken ist aus Tierschutzgründen nicht mehr statthaft, weil daraus nach Mendel 25 % sogenannte Weißschecken fallen, die nicht lebensfähig sind und spätestens kurz vor Erreichen der Geschlechtsreife verenden. Näheres zu den weiteren seit 2015 in Kraft getretenen Bestimmungen finden Sie auf Seite 22.

Gelb-Rexe (GRex)

Farbe

Die **Deckfarbe** ist ein kräftiges, gut glänzendes Gelbrot. Heller bis cremefarben, jedoch nicht weiß sind Augen- und Kinnbackeneinfassung, die Innenseite der Läufe und die Bauchdecke. Die Deckfarbe ist möglichst am ganzen Körper gleichmäßig vorhanden. Sie reicht an den Seiten weit nach unten bis zum helleren Bauch. Die Augen sind braun, die Krallen dunkelhornfarbig.
L. F.: Etwas matte, helle oder leicht durchsetzte Deckfarbe; leichter heller oder dunkler Anflug an den Ohrenrändern, an Brust, Seiten, Schenkeln und Läufen; helle Binden; etwas fleckige Deckfarbe; weiße Unterseite der Blume.
S. F.: Zu helle Deckfarbe; mit schwarzen Haaren durchsetzte Decke; schwarze Ohrensäumung; sichtbare weiße Flecken in der Decke; ganz helle Brust und Läufe; weiße Binden; weiße Augen- und Kinnbackeneinfassung.

Die **Unterfarbe** soll der Deckfarbe möglichst entsprechen, also wenigstens cremefarben bis rötlich sein und – ohne völlig aufzuhellen – bis zum Haarboden durchgehen.

1,0 Gelb-Rexe

L. F.: Etwas helle oder durchsetzte Unterfarbe.
S. F.: Stark unreine oder völlig verwaschene Unterfarbe; weiße Unterfarbe.

Castor-Rexe (CRex)

Farbe

Die **Deckfarbe** ist ein gut glänzendes, rötliches Kastanienbraun in einer mittleren bis dunkleren Tönung. Sie soll sich möglichst gleichmäßig über den ganzen Körper erstrecken und an den Seiten weit nach unten reichen. Darüber breitet sich, von den schwarzen Grannenspitzen herrührend, ein feiner dunkler Schleier aus. Dunkler getönt sind Kopf, Ohren, Brust, Flanken, Vorderläufe und Schenkel; heller, jedoch nicht weiß, eingefasst sind Augen- und Kinnbacken. Weiß sind die Innenseiten der Läufe, die Bauchdeckfarbe und die Unterseite der Blume. Eine cremefarbene Tönung der Schoßpartie ist zugelassen. Der möglichst kleine Nackenkeil ist hellbraun, die Augen und die Krallen sind dunkelbraun.

L. F.: Etwas dunkler Schleier auf der Decke; etwas helle Seiten, Läufe und Schenkel; helle Binden, etwas unregelmäßige oder leicht andersfarbige (gelbe oder graue) Grannenhaare; durchsetzte Deckfarbe.
S. F.: Starker schwarzer Schleier auf der Decke; völlig graue Seiten oder Schenkel; stark weiß oder andersfarbig (gelb oder grau) durchsetzte Deckfarbe; sichtbare weiße Flecken oder Büschel in der Decke.

Die etwa 0,75 cm breite **Zwischenfarbe** ist leuchtend rostbraun. Sie soll dicht unter der Deckfarbe ansetzen und sich von der Unterfarbe deutlich abgrenzen.
L. F.: Schmale oder schwache Zwischenfarbe.
S. F.: Fehlende oder stark verwaschene Zwischenfarbe.

Die dunkelblaue **Unterfarbe** erfasst etwa die Hälfte der Gesamthaarlänge. Am Bauch ist sie blau. Sie muss, wenn auch heller, bei älteren Häsinnen noch vorhanden sein.
L. F.: Etwas helle oder durchsetzte Unterfarbe; aufgehellte Bauchunterfarbe.
S. F.: Gänzliches Fehlen der blauen Bauchunterfarbe.

1,0 Castor-Rexe

Schwarz-Rexe (SchwRex)

Farbe

Die **Deckfarbe** ist ein glänzendes Tiefschwarz, das sich möglichst über den gesamten Körper gleichmäßig erstrecken soll. Lediglich am Bauch darf sie matter sein.

L. F.: Matte Deckfarbe; einzelne weiße Stichhaare; leichte Farbabweichungen; leichter grauer oder bräunlicher Anflug.
S. F.: Stark durchsetzte Decke; weiße Büschel oder Flecken; starker Rostanflug, auch schon stark rostige Flecken.

Die **Unterfarbe** ist dunkelblau – je satter, desto besser – und rein.
L. F.: Leicht helle oder durchsetzte Unterfarbe.
S. F.: Stark aufgehellte, unreine oder durchsetzte Unterfarbe.

Die Augen sind dunkelbraun, die Krallen schwarzbraun.
S. F.: Andere als die vorgeschriebene Augenfarbe, zweierlei oder farblose Krallen.

1,0 Schwarz-Rexe

Havanna-Rexe (HavRex)

Farbe

Die **Deckfarbe** ist sattdunkelbraun; sie ist rein, breit und mit gutem Glanz versehen. Gleichmäßigkeit am gesamten Körper, Kopf und Ohren eingeschlossen, ist zu fordern. Nur der Bauch darf etwas matter sein.

L. F.: Grau melierter, rußiger oder rostiger Anflug der Decke; leichte Durchsetzung mit weißen Haaren; etwas helle oder matte Farbe; etwas helle Brust.

S. F.: Stark reifartige, grau melierte Deckfarbe; starke Durchsetzung mit weißen Haaren; weiße Büschel oder Flecken; starker Rost- oder Rußanflug; vollständig helle Brust.

Die **Unterfarbe** ist reinblau – je intensiver, desto besser. Verpönt ist eine graue oder schmutzig weiße Unterfarbe. Sie soll bis zur Fellhaut durchgehen.

L. F.: Etwas helle oder leicht durchsetzte Unterfarbe.

S. F.: Sehr unreine und stark durchsetzte graue oder gänzlich weiße Unterfarbe.

Die Augen sind braun und leuchten bei entsprechendem Lichteinfall rötlich durch. Die Krallen sind dunkelhornfarbig.

S. F.: Andere als die vorgesehene Augenfarbe, zweierlei oder farblose Krallen.

1,0 Havanna-Rexe

Blaugrau-Rexe (BlgrRex)

Farbe

Die **Deckfarbe** ist blauwildfarbig im mittleren Farbton. Augenringe und Kinnbacken erscheinen hell. Der Keil im Nacken ist klein und bräunlich. Die Bauchdeckfarbe, die Unterseite der Blume und die Innenseite der Läufe variieren im hellen Farbton bis weiß. Die Farbe der Decke soll sich möglichst im gleichen Farbton über alle Körperteile erstrecken. Die Augen sind blaugrau, die Krallen dunkelhornfarbig.

Die **Zwischenfarbe** befindet sich als schmaler bräunlicher Streifen dicht unter der Deckfarbe und

Die **Unterfarbe** ist blaugrau und umfasst zwei Drittel der Haarlänge. Die Bauchunterfarbe ist ebenfalls blaugrau. Sie muss selbst bei älteren Häsinnen noch vorhanden sein.

L. F.: Etwas helle Seiten, Brust, Läufe und Schenkel; Bindenansätze; leichter Rost; weiße Durchsetzung in der Decke; etwas helle oder durchsetzte Unterfarbe; Unterfarbe nur im Brust- und Schoßbereich.

S. F.: Zu dunkle oder zu helle Deckfarbe; stark weiß oder andersfarbig durchsetzte Deckfarbe; sichtbare weiße Flecken; starker Rost; fehlende Zwischenfarbe; unreine oder stark weiß durchsetzte Unterfarbe; weiße Unterfarbe.

1,0 Blaugrau-Rexe

Rhön-Rexe (RhRex)

Zeichnung und Farbe

Die Zeichnung besteht aus Flecken, Streifen und Spritzern, die über den ganzen Körper möglichst gleichmäßig verteilt sein sollen. Kopf, Ohren und Läufe sind mit einbezogen. Die Blume bleibt unberücksichtigt.

L. F.: Fehlen von Zeichnung an einem Ohr oder beiden Vorderläufen; etwas volle, grobe oder verschwommene bzw. etwas schwache Zeichnung; geteilte Kopfzeichnung.

S. F.: Gänzliches Fehlen von Zeichnung am Kopf und/oder an beiden Ohren; kreuzweise geteilte Kopf- und Ohrenzeichnung; zu große Zeichnungsfelder bzw. Felder ohne Zeichnung, die mehr als ein Viertel des Körpers bedecken; stark verschwommene Zeichnung.

Die Grundfarbe ist weiß, die Zeichnungsfarbe ist grau bis schwarzgrau. Je intensiver und klarer die Farben sind, umso besser ist das gesamte Farbbild. Die Augen sind braun, die Krallen sind hell bis dunkelhornfarbig.

L. F.: Etwas gelber oder brauner Anflug; etwas matte oder etwas helle Zeichnungsfarbe; zweierlei Krallenfarbe; hell-, mittel- und dunkelhornfarbige Krallen an einem oder mehreren Läufen.

S. F.: Starker gelber oder brauner Schleier; abweichende Zeichnungsfarbe.

1,0 Rhön-Rexe

Japaner-Rexe (JRex)

Farbe und Zeichnung

Japaner-Rexe sind wie das Japanerkaninchen zweifarbig, und zwar schwarz-gelb. Die beiden Farben Schwarz und Gelb sollen sich durch gute Abgrenzung der Farbfelder kontrastreich voneinander abheben. Die einzelnen Farbfelder werden rein erwünscht, ohne starke Durchsetzung der Zeichnungsfarben. Die Farbfelder sollen in der Mitte intensiv farbig und mit gutem Glanz versehen sein. Die gelbe Farbe darf variieren, doch ist eine satte Farbe vorzuziehen. Die Farbe des Bauches ist insgesamt etwas matter und glanzloser. Am Bauch, an der Innenseite der Läufe und der Unterseite der Blume bleiben weiße Flecken oder Felder unberücksichtigt. Die Farben verlieren bei mehrjährigen Tieren ihre Leuchtkraft, dies ist bei der Beurteilung zu berücksichtigen. Die Augen sind braun, die Krallen sind hornfarbig.
L. F.: Etwas unreine, durchsetzte Farben.
S. F.: Weiße Flecken oder Felder an den sichtbaren oberen Körperteilen; weiße Abzeichen an Nase oder Zehen; andere als braune Augen; pigmentlose Krallen.

Für die **Kopf- und Ohrenzeichnung** der Japaner-Rexe ist wie beim normalhaarigen Japanerkaninchen charakteristisch der Kontrast der Farben Schwarz oder Schwarz-

0,1 Japaner-Rexe

geblümt und Gelb oder Gelbgeblümt. Als ideal gilt eine kreuzweise geteilte Zeichnungsanlage.
L. F.: Nicht kreuzweise geteilte Kopf- und Ohrenzeichnung.
S. F.: Gänzlich einheitlich geblümter Kopf mit beidseitig gleichfarbigen Ohren.

Bei der **Rumpfzeichnung** sind die Farben Schwarz und Gelb über den ganzen Körper unregelmäßig verteilt, ohne dabei zu große Farbfelder zu bilden. Gefordert wird, durchgehend oder versetzt, die Ring- oder Fleckenzeichnung. Die Zeichnung ist umso wertvoller, je abwechslungsreicher die Streifung an beiden Körperseiten ist. Auf jeder Seite werden wenigstens drei Farbfelder, die sich auf der Mitte des Rückens teilen, gefordert. Tiere mit einer unterschiedlichen Anzahl von Farbfeldern auf beiden Seiten können bewertet werden. Die Zeichnung von Brust und Vorderläufen soll mit der Kopf- und Ohrenzeichnung übereinstimmen, wobei Schwarz und Gelb kreuzweise versetzt sein sollen.
L. F.: Große Farbfelder (mehr als ein Drittel der Körperlänge); einfarbige Vorderläufe mit gleichfalls einfarbiger Brustfarbe.
S. F.: Völlig durchsetzte, verschwommene Farbfelder am Rumpf; weniger als drei Farbfelder auf einer Seite.

Feh-Rexe (FRex)

Farbe

Die **Deckfarbe** ist ein sehr helles, zartes Blau, das wie von einem leicht bräunlichen Schleier überzogen erscheint. Gleichmäßigkeit der gesamten Deckfarbe ist wünschenswert. Ausnahmen sind lediglich die mattere Bauchfarbe und der kräftigere bräunliche Schleier an den kurz behaarten Stellen wie Kopf, Ohren und Läufe.
L. F.: Etwas helle oder dunkle Deckfarbe; leicht durchsetzte Decke; reifartiger Anflug; sehr schwacher bräunlicher Schleier; leichter Rost; geringe Farbabweichungen an den einzelnen Körperpartien.
S. F.: Silbrig fahle oder zu dunkle Decke; gänzliches Fehlen des bräunlichen Schleiers; starker Rost.

Die **Unterfarbe** ist nur wenig heller. Sie darf jedoch nicht nach Weiß tendieren, kann aber am Bauch in ein lichtes Blaugrau übergehen. Sie ist gegen die Deckfarbe nicht scharf abgegrenzt.
L. F.: Helle, dunkle oder leicht durchsetzte Unterfarbe.
S. F.: Ganz helle oder stark durchsetzte Unterfarbe.

Die Augen sind blaugrau und je nach Lichteinfall rot durchleuchtend, die Krallen sind hornfarbig.
S. F.: Andere als die vorgeschriebene Augenfarbe; zweierlei oder farblose Krallen.

1,0 Feh-Rexe

Lux-Rexe (LRex)

Farbe

Die **Deckfarbe** ist ein helles Silberblau, durch das die braunrote Zwischenfarbe schwach hindurchschimmert. Der kleine, nur schwach ausgebildete Genickkeil ist braunrot. Etwas heller ist die Augeneinfassung, die Kinnbackeneinfassung ist weiß. Bauchdeckfarbe, Innenseiten der Vorder- und Hinterläufe und Unterseite der Blume sind hell bis weiß.

L. F.: Geringe Abweichungen in der Deckfarbe; helle Binden; leichter Rost.

S. F.: Stark durchsetzte Decke, sichtbare weiße Flecken (Büschel) in der Deckfarbe, starker Rost.

Die **Zwischenfarbe**, die etwa ein Viertel der Fellhaarlänge erfassen soll, ist braunrot und scharf abgegrenzt.

L. F.: Etwas schwache oder schmale Zwischenfarbe.

S. F.: Fehlende Zwischenfarbe.

1,0 Lux-Rexe

Die **Unterfarbe** ist weiß und scharf abgegrenzt. Die Bauchunterfarbe dagegen ist bläulich.
L. F.: Nicht ganz weiße Unterfarbe mit Ausnahme der Bauchunterfarbe.
S. F.: Andere als weiße Bauchunterfarbe, die Bauchunterfarbe ausgenommen; fehlende bläuliche Bauchunterfarbe.

Die Augen sind graublau, bei entsprechendem Lichteinfall rötlich durchleuchtend, die Krallen sind hornfarbig.
S. F.: Zweierlei oder farblose Krallen.

Loh-Rexe (LohRex)

Farbe und Zeichnung

Anerkannt sind die Farbenschläge **Schwarz, Blau, Braun** und **Fehfarbig**. Die Deckfarbe ist jeweils intensiv, rein und glänzend. Der Effekt der Zeichnung, die in der Farbe intensiv und klar abgegrenzt zu sein hat, ist umso größer, je satter die Deckfarbe ist. Am schönsten treten die Lohabzeichen bei den Schwarzen in Erscheinung. Doch sind auch die Blauen und Braunen eindrucksvoll, wenn Deck- und Zeichnungsfarbe intensiv, glänzend und klar abgegrenzt sind.

L. F.: Leicht durchsetzte Deckfarbe; leichter Rostanflug.
S. F.: Völlig fehlende Zeichnungsmerkmale; stark mit weißen oder lohfarbigen Haaren durchsetzte Deckfarbe; sichtbare weiße Flecken in der Deck- und Zeichnungsfarbe; starker Rost.

Durch die **Kopfzeichnung** sind die Nasenlöcher gut lohfarbig eingefasst. Die Einfassung der Kinnbacken reicht bis zum Genick. Die Augenringe sollen gut geschlossen und schmal sein. Stark lohfarbig ist die Umrandung der Ohren. Vorne am Ohrenansatz treten auffallend zwei lohfarbige Flecken in Erscheinung.
L. F.: Schwache Einfassung der Nasenlöcher; melierte Schnauze; leichte Unterbrechung der Augenringe; ungleichmäßig geformte Augenringe; schwache Kinnbackeneinfassung; nicht durchgehende Kinnbackeneinfassung; schwach geränderte Ohren; unreiner Kopf.

Ebenfalls scharf abgegrenzt von der Deckfarbe ist die **Rumpfzeichnung**. Die Brustlohe beginnt unter dem Kinn, fasst breit die Brust ein und geht, zwischen den Vorderläufen hindurch, in die Bauchzeichnung über. Die Bauchlohe muss kräftig und feurig sein und bis auf den Haarboden reichen. Sie wird von der etwa 2 cm

1,0 Loh-Rexe, blau

breiten, intensiv lohfarbigen Seiteneinfassung begrenzt. Die lohfarbigen Schoßflecken heben sich kräftig von der Bauchfarbe ab, ebenfalls die Seitenspitzen, die, gut abgegrenzt, etwa zwei Drittel der Rumpfhöhe einnehmen. Klar lohfarbig sind die Innenseiten der Vorderläufe, ebenfalls die Innenseiten der Hinterläufe, die sich von der Deckfarbe abheben sollen. Die Zehenpunkte der Vorderläufe sind – deutlich begrenzt – lohfarbig. Lohfarbig ist schließlich der kleine, gut abgegrenzte, leicht abgerundete oder dreieckige Genickkeil.
L. F.: Schmale oder verschwommene Brustzeichnung; schwache Brustlohe; schwache Seiteneinfassung; ungleichmäßige oder sehr schwach ausgeprägte Seitenspitzen; langer, schlecht geformter oder wolkiger Keil; schwache oder verschwommene Zeichnung der Vorder- und Hinterläufe; unreine Läufe.
S. F.: Ganz dunkle Brust; Fehlen der Seiteneinfassung und der Seitenspitzen; weiße Bauchfarbe; reinweiße Unterseite der Blume.

Die Augen bei Schwarzen und Braunen sind braun, bei Blauen und Fehfarbigen blaugrau. Die Krallen sind bei den fehfarbigen hornfarbig, bei allen anderen Farbenschlägen dunkel bis schwarzbraun.
S. F.: Andere als die vorgeschriebene Augenfarbe; zweierlei oder farblose Krallen.

Marder-Rexe (MRex)

Farbe und Zeichnung

Anerkannt sind die Farbenschläge **Braun** und **Blau** in einer helleren bis mittleren Tönung. Nicht zugelassen sind die fast einfarbigen homozygoten dunklen und die sehr hellen Tiere.
Die **Deckfarbe** ist ein lichtes Braun bzw. Blau in einer helleren oder dunkleren Tönung: An den Flanken geht die Farbe in eine hellere Tönung über; Schulterpartie und Hinterschenkel sind etwas dunkler. Backen, Brust und Bauch sind hellbraun bzw. hellblau.
L. F.: Etwas dunkle oder fleckige Deckfarbe; leichte Durchsetzung mit weißen Haaren.
S. F.: Ganz dunkle Deckfarbe; starker Rost; stark weiß durchsetzte Deckfarbe; sichtbare weiße Flecken (Büschel).

Zusätzlich zu diesen unterschiedlichen Farbtönungen sind die **Abzeichen** zu berücksichtigen. Da ist zunächst ein etwa 8 cm breiter, etwas dunkler Streifen, der sich – an den Seiten in die Deckfarbe übergehend – über den Rücken zieht sowie eine dunkle Maske, die sich, ohne scharf abgegrenzt zu sein, etwa bis in Augenhöhe erstreckt und ferner abgedunkelte Ohren, Läufe, Blume und Augeneinfassung.
L. F.: Unvollständiger Rückenstreifen; große Maske; schwache oder verschwommene Abzeichen.
S. F.: Völlig dunkler Kopf und Ohren; Fehlen der dunklen Abzeichen.

1,0 Marder-Rexe, blau

Die **Unterfarbe** ist bei beiden Farbenschlägen bläulich. In ihrer Intensität soll sie der Deckfarbe entsprechen. Analog zur Deckfarbe ist sie an den helleren Körperpartien heller.
L. F.: Unreine oder durchsetzte Unterfarbe.
S. F.: Stark unreine oder weiße Unterfarbe.

Die Augen sind braun bzw. graublau, je nach Lichteinfall rötlich durchschimmernd. Die Krallen sind dunkelhornfarbig.
S. F.: Andere als die vorgeschriebene Augenfarbe; zweierlei oder farblose Krallen.

Russen-Rexe (RRex)

Farbe und Zeichnung

Anerkannt sind die Farbenschläge **Schwarz** und **Blau**. Die Grundfarbe ist ein leuchtendes, reines Weiß, verpönt ist ein grauer bzw. gelblicher Anflug. Die Abzeichen sind tiefschwarz bzw. sattblau. Verlangt wird die typische Russenzeichnung.
L. F.: Gelber oder grauer Anflug; leicht durchsetzte Zeichnungsfarbe; dunkler Anflug am After.

S. F.: Unreine Grundfarbe; starke Durchsetzung der farbigen Abzeichen mit weißen Haaren; starker Rost.

Die **Kopfzeichnung** besteht aus Maske und farbigen Ohren. Die Maske von länglich runder Form bedeckt scharf begrenzt den Nasenrücken. Sie reicht, an den Seiten begrenzt, bis zum Oberkiefer und dehnt sich wie ein leichter Hauch auf den Unterkiefer aus. Sie ist weder zu groß noch soll sie über die Augenhöhe reichen. Die Farbe der Ohren ist an der Wurzel scharf begrenzt.
L. F.: Etwas grobe oder gezackte Maske; leichter Augenrandanflug; unreiner Ohrenansatz.
S. F.: Zu große Maske, die den ganzen Unterkiefer bedeckt; starke Augenringe (sogenannte „Brillen“); weiße Flecken in der Maske, an den Ohrenrändern, in den Ohren und Ohrenansätzen.

Die **Rumpfzeichnung** besteht aus den dunkelfarbigen Vorder- und Hinterläufen und der Blume. Farbig ist das vorderste Glied der Vorderläufe; eine möglichst scharfe Begrenzung von der Grundfarbe ist zu fordern. Die Farbe der Hinterläufe reicht bis

1,0 Russen-Rexe, schwarz-weiß

über das Sprunggelenk hinaus. Auch sie ist gut abgegrenzt. Die Zeichnungsfarbe ist rein und möglichst intensiv. Ebenfalls rein und intensiv ist die Farbe der Blume.
L. F.: Kurze oder lange sowie verschwommene Zeichnung der Läufe.
S. F.: Grobe Zacken oder Weiß in den farbigen Läufen.

Die Augen sind farblos, der Augenhintergrund scheint je nach Lichteinfall rötlich durch; die Krallen sind dunkelbraun.
S. F.: Zweierlei oder farblose Krallen.

Schwarzgrannen-Rexe (SchwgrRex)

Die Schwarzgrannen-Rexe sind der zurzeit jüngste Farbenschlag der Rexe. Sie wurden am 1.10. 2014 anerkannt.

Farbe

Die **Deckfarbe** ist ein zart abgetöntes Weiß, das mit einem feinen, leicht rußartigen Anflug von heller bis mittlerer Intensität überzogen scheint; dieser wird hervorgerufen durch dunkel gespitzte Grannenhaare, die das Deckhaar geringfügig überragen und gleichmäßig über den ganzen Körper verteilt sind. An den kürzer behaar-

1,0 Schwarzgrannen-Rexe

ten Körperstellen, also Kopf, Ohren und Läufen, sowie auf der Oberseite der Blume erscheint der Anflug etwas intensiver. Die Intensität der Farbbegrannung an der Brust bleibt unberücksichtigt. Die Ohrenränder dürfen farblich leicht gesäumt sein. Reinweiß erscheinen demgegenüber die Wildfarbigkeitszonen Bauch, Unterseite der Blume, Innenseite der Läufe, Kinnbackeneinfassung, Augenringe und Nackenkeil. Die Augen sind braun, die Krallen hornfarbig.

L. F.: Leicht fleckige oder etwas unreine Deckfarbe; angedeutete Marder- oder Siamesenabzeichen; flockige Schattierung; ungleichmäßige, schwach ausgeprägte oder etwas dunkle Farbbegrannung; etwas dunkel durchsetzte Wildfarbigkeitszonen; unterschiedlich intensiv pigmentierte Krallen.

S. F.: Stark unreine Deckfarbe; ausgeprägte Marder- oder Siamesenabzeichen; gänzlich fehlende oder bläuliche Farbbegrannung; stark ausgeprägter dunkler Anflug am Rumpf; stark dunkel durchsetzte Wildfarbigkeitszonen; andere als die geforderte Augenfarbe; pigmentlose Krallen.

Die **Unterfarbe** ist am ganzen Körper reinweiß; die Unterfarbe an der Blumenoberseite bleibt unberücksichtigt.

L. F.: Leicht bläulicher oder rußiger Anflug in der Unterfarbe; leicht dunkle Durchsetzung der Unterfarbe (Ausnahme Blumenoberseite).

S. F.: Graue bis blaugraue Unterfarbe; erkennbare Zwischenfarbe; stark dunkel durchsetzte Unterfarbe (Ausnahme Blumenoberseite).

Allgemeines

Rex-Kaninchen waren früher nicht selten stark degenerierte, krankheitsanfällige Kaninchen. Heute hingegen sind die Rexe genauso vital wie andere Rassen auch. Das einzige Manko, das der Rasse geblieben ist, ist die große Neigung zu Kahlstellen unter den Hinterläufen, teilweise sogar unter den Vorderläufen. Leider treten diese besonders gehäuft bei Tieren mit hervorragender Fellstruktur auf, während Tiere mit unschönem, sehr grannenreichem und hartem Fell sie kaum zeigen. Hier gilt es für die Züchter, auf genetischem Wege diesen Fehler auszumerzen – wahrlich noch ein großes Stück Arbeit. Auch die selteneren Farbenschläge bedürfen stärkerer Förderung – attraktiv sind sie nun wirklich genug.

Zwerg-Rexe (ZwRex)

Zuchtziel

Die Erzüchtung von Rexkaninchen in Zwergenform oder von Hermelin bzw. Farbenzwergen mit Kurzhaar war abzusehen. Die Rasse ist von züchterischem Reiz und für ausgesprochene Liebhaber. Von Bedeutung scheint zu sein, dass der Bollenkopf auf die Zwerg-Rexe offenbar nicht zu übertragen ist sowie auch nicht auf

0,1 Zwerg-Rexe, dalmatinerfarbig schwarz-weiß

1,0 Zwerge-Rexe, russenfarbig schwarz-weiß

die Rexe, denn nach Johannes Freitag, Berlin, hatten die großen Kreuzungstiere aus den Paarungen Hermelin x Rex ausnahmslos einen normalen Kopf. Zuchtziel ist das Hermelin mit Kurzhaar in den verschiedenen Rex-Farben.

Geschichtliches

Für Novitäten bietet unser Kaninchen nicht mehr viele Gelegenheiten (wohl aber zur Vollendung). Deshalb nimmt es wunder, dass man sich dieser Rasse verhältnismäßig spät angenommen hat. 1967 begann Johannes Freitag, Berlin, weiße Zwerg-Rexe zu züchten, 1969 nahm sich Hans Pfützner, Ettlingen/Baden, die Castor-, Weiß- und Schwarz-Zwerg-Rexe vor. Freitag tat dies mehr aus Liebhaberei, Pfützner stellte die ersten Tiere anlässlich der 13. Badischen Rexklub-Sonderschau in Niefern vor. Dalmatinerfarbige Zwerg-Rexe zeigte Karl Erne, Reisen/Bd., bei der Badischen Rexschau 1974. Zuvor waren Zwerg-Rexe in Bayern und Holland bekannt geworden, allerdings ohne nähere Einzelheiten.

Körperform, Typ, Bau, Stellung, Fellhaar

Gewicht: Normalgewicht über 1,2 bis 1,4 kg, Mindestgewicht 1 kg, Höchstgewicht 1,6 kg.

Form, Stellung: Der Körper ist gedrungen, walzenförmig, vorne und hinten gleich breit.

Kopf: Im Verhältnis zur Größe des Tieres ist der Kopf zu groß. Er ist kurz und dick mit breiter Stirn- und Schnauzpartie. Die Stirnbreite beim Rammler beträgt in Augenhöhe etwa 5,5 cm, bei der Häsin etwa 5 cm.

Augen: Sie sind groß und treten stark hervor.

Ohren: Die Ohren sind, der Zwergform entsprechend, relativ kurz, infolge des etwas höheren Gewichts jedoch ein bisschen länger als bei den Hermelin. Sie erscheinen außerdem wegen der Kurzhaarigkeit etwas länger und feiner als bei den normalhaarigen Zwergkaninchen. Sie sollten eng bis leicht V-förmig getragen werden, oben schön abgerundet sein und von feiner – aber fester – Struktur sein. Als Ideal gilt eine Ohrenlänge von 6 cm. Die Mindestlänge beträgt 5 cm, die Höchstlänge 7,5 cm.

Läufe: Die Läufe sind kurz und dem Zwergtyp angepasst.

Fellhaar: Das Fellhaar ist sehr dicht und besitzt ein auf dem Haarboden fast senkrecht stehendes Haar, das auf der Mitte des Rückens eine Länge von 14 bis 17 mm haben muss. Die einzelnen Haare dürfen weder wellig noch lockig sein. Sie müssen über eine genügende Stabilität verfügen. Wenn man mit der flachen Hand gegen den Strich über das Fellhaar fährt, sollen die Haare fast senkrecht stehen bleiben oder nur langsam in ihre Ausgangslage zurückgehen. Bleiben sie nach dem Streichen gegen den Strich liegen, so ist dies ein Zeichen von zu dünnem Fellhaar. Die feinen, nicht gekrümmten Grannenhaare sollen mit dem Unterhaar in gleicher Höhe abschneiden. Die Grannenspitzen dürfen aus dem Wollflaum höchstens 1 mm herausragen. Der Nackenkeil muss klein und glatt sein. Er ist ein wichtiger Indikator

0,1 Zwerg-Rexe, weiß RA

1,0 Zwerg-Rexe, castorfarbig

für die Fellqualität am gesamten Tier: Je glatter er ist, desto besser ist in aller Regel die Haarstruktur am gesamten Kaninchen. Die Ohren sind gut behaart.

Farbe und Zeichnung

Bei den Zwerg-Rexen, weiß (Rot- und Blauaugen), werden in Position 4 der Kopf, in Position 5 und 6 die Ohren und in Position 6 Farbe und Gleichmäßigkeit bewertet.

Bei den farbigen Zwerg-Rexen ist die Position 4 Kopf und Ohren; die Positionen 5 und 6 sind wie folgt gemäß den Bestimmungen der „normalen Rexe" zu bewerten:

Farbenschlag	Position 5	Position 6
Chinchillafarbig	Unterfarbe	Deck- und Zwischenfarbe
Blau	Unterfarbe	Deckfarbe und Gleichmäßigkeit
Dreifarbenschecken	Farbe	Kopf- und Rumpfzeichnung
Dalmatinerfarbig	Farbe	Kopf- und Rumpfzeichnung
Gelb	Unterfarbe	Deckfarbe und Gleichmäßigkeit
Castorfarbig	Unterfarbe	Deck- und Zwischenfarbe
Schwarz	Unterfarbe	Deckfarbe und Gleichmäßigkeit
Havannafarbig	Unterfarbe	Deckfarbe und Gleichmäßigkeit
Blaugrau	Unterfarbe	Deck- und Zwischenfarbe
Rhönfarbig	Farbe	Zeichnung
Fehfarbig	Unterfarbe	Deckfarbe und Gleichmäßigkeit
Luxfarbig	Unterfarbe	Deck- und Zwischenfarbe
Lohfarbig	Farbe	Kopf- und Rumpfzeichnung
Marderfarbig	Farbe	Kopf- und Rumpfzeichnung
Russenfarbig	Farbe	Kopf- und Rumpfzeichnung

Kopf- und Rumpfzeichnung, Deck-, Zeichnungs- und Zwischenfarbe, Unterfarbe und Abzeichen sollen sinngemäß den Standardforderungen der anerkannten Rexrassen entsprechen.

L. F. und S. F.: Als leichte und schwere Fehler gelten in Bezug auf Körperform und -bau sowie Kopf und Ohren die des Hermelin. Für die Farbfehler sind jene der betreffenden Rexrassen maßgebend.

Allgemeines

Zwerg-Rexe gehören züchterisch sicherlich zu den interessantesten und anspruchsvollsten Kaninchenrassen. Für eine nachhaltige Verbesserung der Tierbestände dieser Kaninchenrasse wäre es sicher gut, wenn sich mehr Züchter mit ihr befassen würden. Diese sollten sich jedoch auf einen Farbenschlag konzentrieren und sich nicht verzetteln, insbesondere nicht verschiedene Farbenschläge untereinander kreuzen.

Abteilung VII – Langhaarrassen

Angora (A)

Zuchtziel

Die Rasse ist mittelgroß, die Körperform hat dem Wirtschaftstyp zu entsprechen. Ausgeprägt sind Konstitution und die spezifischen Rassemerkmale. Zu verlangen ist die ständige Erzeugung reichlicher Wolle von hohem Gebrauchswert bei geringstem Arbeitsaufwand, kombiniert mit Futterdankbarkeit, entsprechender Fruchtbarkeit, gutem Aufzuchtvermögen und Mastfähigkeit.

Zu den typischen Rassemerkmalen müssen gehören: hohe Wollerträge nach Menge und Qualität, reichliche Büschelbildung am Kopf und starker Behang an den Läufen. Das Angorakaninchen ist gleichzeitig eine vorzügliche Wirtschafts- und Ausstellungsrasse in Liebhaberhand.

Geschichtliches

Über Herkunft und Entstehung der Angora ist leider wenig bekannt. Dennoch dürften sie eine der ältesten Kaninchenrassen und aus dem Wildkaninchen her-

1,0 Angora, schwarz

vorgegangen sein. Die Angora haben eine wechselvolle Geschichte hinter sich. Die Angorazucht und -haltung wurden vom Staat mehrmals stark gefördert und rasch wieder vergessen und so schwankte der Wollpreis schon in den Anfangsjahren ihrer Zucht zwischen 18 und 78 Reichsmark. Mit dem Ausbruch des Zweiten Weltkriegs erlebte die Angorakaninchenzucht eine Verbreitung ohnegleichen. Die erzeugte Wolle wurde beschlagnahmt und vollständig der Kriegswirtschaft zugeführt. Von einem Rückgang der Zucht nach Kriegsende erholte sich die Rasse relativ schnell.

Dank der Weitsicht von Walter Orth und anderen Leistungszüchtern hat die jährliche Wollleistung eine nie geglaubte Steigerung erfahren: 1945 betrug der durchschnittliche Ertrag je Tier etwa 400 g, bereits in den 1970er-Jahren erreichte sie bei den meisten Tieren über 1000 g. Neben der Verbesserung der Fütterung hatte sicherlich der züchterische Fortschritt durch Leistungsprüfungen und entsprechende Selektion den größten Anteil an dieser unglaublichen Leistungssteigerung. Nach dem Verfall der Preise für Angora-Wolle ist das Interesse an der Rasse zurückgegangen. Angorakaninchen müssen regelmäßig geschoren werden, weil bei ihnen die Haare (Wolle) immer weiter wachsen. Die Körperform wird bei den Angora durch Abtasten überprüft, weil durch die lange Bewollung Formfehler teilweise nicht auf den ersten Blick sichtbar sind.

0,1 Angora, gelb

Körperform, Typ, Bau, Stellung

Gewicht: 2,5 bis 3,5 kg, Normalgewicht 3,5 kg und mehr, Höchstgewicht 5,25 kg.

Form, Stellung: Die Körperform ist bei der Bewertung abzutasten; am besten zu beurteilen ist sie unmittelbar nach der Schur. Der Körper ist leicht gestreckt, breit und geschlossen.

Kopf: Kurz, Stirn und Schnauze breit, Backenpartie voll entwickelt.

Augen: Bei albinotischen weißen Tieren farblos, rot durchleuchtend; bei den farbigen Farbenschlägen entspricht die Augenfarbe der der Ausgangsrasse.

Ohren: In ihrer Größe dem Körper entsprechend, fleischig, aufrecht getragen, gut behaart.

Rumpf: Walzenförmig, tief, breit, Hals und Nacken treten nicht in Erscheinung.

Rücken: Breit, Flanken gefüllt, Hinterpartie gut abgerundet, Rückenlinie ebenmäßig.

Läufe: Mittellang, gerade, kräftig; die Wolle lässt sie kürzer und kräftiger erscheinen als bei den Normalhaarrassen.

Krallen: Bei weißen Tieren farblos, bei farbigen Tieren wie bei den Ausgangsrassen.

Häsin: Die Häsin gleicht dem Rammler bis auf die geschlechtsbedingten Merkmale. Bei älteren Häsinnen ist eine kleine, wohlgeformte Wamme zugelassen.

0,1 Angora, weiß RA

Wolle

Die Wolldichte ist so groß, dass der Haarboden völlig bedeckt erscheint. Es gilt der Grundsatz: Je größer die Wolldichte, desto wertvoller das Tier. Die Wolllänge sollte bei Ausstellungstieren, besondere Leistungsklassen ausgenommen, wenigstens 4 cm betragen; sie ist am Tage der Bewertung etwa 6 cm. Ausgeglichenheit der Wolle ist eine weitere Bedingung; sie ist am gesamten Körper, auch am Bauch, gleichmäßig dicht.
L. F.: Etwas dünne Wolle; kleinere Wachstumsstörungen.
S. F.: Sehr dünne Wolle; Wolllänge unter 4 cm (in der Leistungsklasse unter 3 cm); große Kahlstellen (aus Wollwachstumsstörungen herrührend), die bei natürlicher Stellung des Tieres nicht mehr bedeckt werden.

Die Wollstruktur muss gesund und kräftig sein und darf nicht zum Filzen neigen.
L. F.: Kleine Filzstellen; feine, verworrene oder wattige Wolle.
S. F.: Starke Filzbildung; krankhafte, überfeine Wolle (starke Filzer).

Das mischwollige Vlies besteht aus Unterwolle, Grannenflaum und Grannenhaar, die in einem bestimmten Verhältnis zueinander zu stehen haben.
a) **Unterwolle**: Sie ist fein gekräuseltes, seidenweiches Wollhaar mit gutem Längenwachstum. Sie wird mittelfein, weich und gleichmäßig gewünscht, ist regelmäßig kurz und seidenartig glänzend. Sie muss (gegenüber der Begrannung) stark vorherrschen, denn sie bestimmt den Wert der Wolle.
L. F.: Schwache Unterwolle.
S. F.: Zu wenig Unterwolle; gänzliches Fehlen der Kräuselung; Wolllänge unter 3,5 cm.
b) **Grannenflaum**: Er vermittelt zwischen Unterwolle und Grannenhaar und überragt die seidige Unterwolle. Er ist grob gewellt und besitzt eine feine, grannenartige Spitze.
c) **Grannenhaar**: Es ist ein etwas stärkeres, gerade durchgehendes, glattes Haar, das mit einer kräftigen, glasartigen Spitze versehen ist und über das Wollvlies hinausragt. Bei Häsinnen, vor allem älteren, ist die Grannenbildung stärker als bei den Rammlern. Die Menge der Grannen tritt gegenüber der der Unterwolle stark zurück.
L. F.: Reichlicher Grannengehalt.
S. F.: Stark überwiegendes Grannenhaar; abgeschnittene Grannen.

Die Rassemerkmale werden bestimmt durch die Ohrbüschel, Stirnbüschel, Backenbart sowie durch den gut entwickelten Behang der Vorder- und vor allem der Hinterläufe. Diese Merkmale sind beim Rammler stärker entwickelt als bei der Häsin. Bei der Bewertung sind die geschlechtsbedingten Unterschiede zu berücksichtigen.
L. F.: Schwach ausgeprägte Rassemerkmale.
S. F.: Völliges Fehlen des Kopf- und Fußbehanges.

Die Farbe der Wolle erscheint, im Stapel gesehen, bei guten, sehr dichtwolligen reinweißen Angora leicht gelblich (elfenbeinfarbig). Die kürzer behaarten Partien (Kopf, Ohren und Läufe) sind reinweiß. Gelbe Wolle im Geschlechtsbereich darf nicht bestraft werden.

Farbige Angora

Neben den meistens weißen Angora sind alle einfarbigen Tiere zugelassen. Ihre Farbe ist rein. Sonst gelten die Farbbestimmungen der Ausgangsrassen. Die kürzer behaarten Körperpartien der farbigen Angora (Kopf, Ohren, Läufe) erscheinen intensiver farbig als das Vlies am Rumpf. Die ist eine Folge der reichlichen und stets helleren Unterwolle, die eine Aufhellung der Körperfarbe bewirkt. Bei den farbigen Angora wird die Farbe in der Position 5 bewertet. Dabei gelten sinngemäß die Bestimmungen der entsprechenden Normalhaarfarben.

Allgemeines

Die Angorazucht wird im Wesentlichen in kleinen und mittleren Zuchten als Hobby betrieben. Entscheidend für den Erfolg ist eine gesicherte Futtergrundlage. Zuchtfreunden, die sich mit dem Gedanken tragen, Angora im Großen zu züchten, kann nur empfohlen werden, klein zu beginnen, Erfahrungen zu sammeln und mit Bedacht zu vergrößern. Sie sollten ihren Beruf beibehalten und auf bezahlte Hilfskräfte verzichten. Die in den letzten Jahren deutlich gefallenen Preise für Rohangorawolle führen die Idee einer professionellen Angorazucht als Haupterwerb ohnehin ad absurdum.

Fuchskaninchen (Fu)

Zuchtziel

Im Gegensatz zum Angora, dessen Wolle immer weiter wächst, ist das Fuchskaninchen ein langhaariges Fellkaninchen, das der zweimaligen, periodischen Haarung unterliegt wie die Normalhaarkaninchen. Sein Fell ist grannenreich. Eine übertriebene Ausrichtung der Zucht auf Unterwolldichte führt zu Filzern und sollte daher unterbleiben. Die Farben erscheinen aufgrund des längeren Haares etwas blasser als bei den entsprechenden Normalhaarkaninchen.

Geschichtliches

Erzüchter der Rasse war Hermann Leifer, Coburg. 1920 hatte er mit der Arbeit begonnen und im Laufe der Zeit Angora, Chinchilla, Havanna und Tiere anderer Rassen gekreuzt. 1929 verfügte er über 60 Blaufuchskaninchen (Blaufüchse waren damals nicht blau, sondern braun). 1928 wurde bekannt, dass Müller aus Zug/Schweiz ein braunes Langhaarkaninchen erzüchtet habe. Leifer, der inzwischen auch weiße Fuchskaninchen besaß, und Müller traten in Verbindung und tauschten Tiere aus. Anlässlich der Internationalen Pelztierschau 1930 in Leipzig wurde die Rasse anerkannt. Um die Fuchskaninchen hat sich besonders der engagierte Hans Leinenweber aus Altenglan verdient gemacht. Heute sind es vor allem weiße Fuchskaninchen, die ausgestellt werden. Die farbigen Fuchsrassen sind eher selten.

Körperform, Typ, Bau, Stellung, Fellhaar

Gewicht: 2,5 bis 3 kg, Normalgewicht 3 kg und mehr, Höchstgewicht 4 kg.

Form, Stellung: Infolge der langen Behaarung treten die Körperumrisse weniger deutlich zutage als bei den Normalhaarrassen, dennoch muss der Eindruck des gedrungenen, geschlossenen und gut bemuskelten Körpers und der knapp mittelhohen Stellung ersichtlich sein.

Kopf: Kurz, kräftig.

Ohren: Dem gedrungenen Körper entsprechend kurz, fleischig, straff aufgerichtet, gut behaart.

Rumpf: Breit, walzenförmig.

Rücken: Hinterpartie gut abgerundet.

Läufe: Nicht zu lang, mittelstark; auf die parallele Bewegung der Hinterläufe zum Körper ist zu achten.

0,1 Fuchskaninchen, gelb

Fellhaar: Haarlänge am gesamten Körper gleichmäßig 5 bis 6 cm lang. Das Fell ist dicht, voll behaart, Begrannung gleichmäßig, kräftig; das Fell fühlt sich deshalb hart an. Kopf, Ohren und Läufe sind kürzer und normal behaart.
L. F.: Unausgeglichene Haarlänge; etwas wolligeres Haar; Anlage zur Bildung von Ohrbüscheln und Behängen; leichte Filzbildung.
S. F.: Sehr flatterige, dünne, offene Behaarung; weniger als 4 cm und mehr als 7 cm langes Haar; starke Filzbildung; ausgeprägte Bildung von Ohrbüscheln und Behängen (Angoratyp).

Häsin: Die Häsin ist vom Rammler kaum zu unterscheiden. Sie ist wammenfrei. Eine kleine, gut geformte Wamme ist bei älteren Häsinnen zulässig.
L. F.: Größere Wamme.

Farbe und Zeichnung

Anerkannt sind die Farben **Weiß (Rot- und Blauaugen), Schwarz, Blau, Fehfarbig, Havannafarbig, Chinchillafarbig, Gelb** und **Silber**.
Die Deckfarbe hat den Anforderungen an die Farbe der Ausgangsrassen sinngemäß zu entsprechen; sie ist bei allen Farbenschlägen rein und klar. Silberung ist von Hell bis Dunkel in allen Schattierungen zugelassen. Bei den Gelben ist die Deckfarbe

1,0 Fuchskaninchen, fehfarbig

kräftig gelbrot. Gleichmäßigkeit der Deckfarbe ist am ganzen Körper zu verlangen; lediglich die Bauchfarbe der farbigen Tiere darf etwas matter sein. Intensiver farbig sind dagegen die kurz behaarten Körperstellen aller farbigen Tiere wie Kopf, Ohren und Läufe. Die Unterfarbe entspricht sinngemäß den Richtlinien der entsprechenden Normalhaarrassen. Sie hat klar und gut begrenzt zu sein.
L. F.: Unreine Deck- und Unterfarbe.
S. F.: Stark unreine Farbe; viel Rost; stark weiße Durchsetzung oder Abzeichen.

Allgemeines

Fuchskaninchen sind eine sehr schöne Kaninchenrasse, doch ihre Zucht und Haltung hat einige Tücken. Die Tiere müssen sehr sauber und trocken gehalten werden, weil Feuchtigkeit bei den Haaren, besonders am Bauch und den Schenkeln, das Filzen begünstigt. Dennoch ist der Rasse eine bessere Verbreitung zu wünschen. Jungtieren kann man bei der Haarung helfen, indem man ihnen den Bereich der Schenkel und des Schoßes abschert. Damit beschleunigt man in diesem Bereich, der beim Nesthaar stark zum Filzen neigt, die Haarung. Aufgrund der längeren Behaarung darf bei ihnen keine Farbintensität wie bei Normalhaar erwartet werden.

Jamora (Jam)

Zuchtziel

Ziel der Herauszüchtung war es, ein „japanerfarbiges Miniangora" zu kreieren. Mit einem Gewicht von 2,0 bis 2,4 kg sollen Japanerfarbe und -zeichnung sowie eine angoraähnliche Haarstruktur kombiniert werden.

Geschichtliches

Natürlich war es nicht sehr einfach, so verschiedene Gene, wie solche, die Japanerfarbe und -zeichnung bewirken, mit denen für die Angorawollstruktur und denen für den Zwergwuchs zu kombinieren. Der Herauszüchter, Tierarzt Dr. Bernhard Thimm, Dornstadt, brauchte immerhin fünf Jahre, bis aus umfangreichen Kreuzungen von Angora, Hermelin und Japanern die ersten „Prototypen" fielen. Bis zur Anerkennung durch die Standardkommission dauerte es noch einmal weitere neun Jahre. Nachdem auf der 21. Bundeskaninchenschau 1993 in Essen 36 – teilweise sehr gute – Jamora gestanden hatten, erkannte die Standardkommission die Rasse 1994 an.

Körperform, Typ, Bau, Stellung, Fellhaar

Gewicht: 1,5 bis 2,0 kg, Normalgewicht 2,0 kg und mehr, Höchstgewicht 2,4 kg.
Form, Stellung: Die Körperform ist gedrungen, mittelhoch gestellt. Wegen der langen Behaarung der Tiere treten die Körperumrisse nicht klar in Erscheinung. Zur Beurteilung muss das Tier abgetastet werden.

Kopf: Kurz, kräftig, mit breiter Stirn- und Schnauzpartie.
Ohren: Dem gedrungenen Körper entsprechend kurz, fleischig, aufrecht getragen.
Rumpf: Breit, walzenförmig, gut bemuskelt.
Rücken: Rückenlinie ebenmäßig, Becken gut gerundet.
Läufe: Mittellang, gerade, guter Katzentritt.
Fellhaar: Das Fell ist lang, mindestens 4 bis 6 cm am ganzen Körper. Die Bauchhaare sind immer etwas kürzer. Kopf, Ohren und Läufe sind normal behaart. Die Unterwolle ist dicht, jedoch nicht filzig. Die Begrannung ist stabiler als beim Angora. Die Wollhaare sind mittelfein, seidenweich, regelmäßig und kurz gewellt. Ständiges Haarwachstum ist nicht gefordert.

Häsin: Die Häsin ist wammenfrei und unterscheidet sich im Habitus kaum vom Rammler.

Farbe und Zeichnung

Die Farbe der Jamora ist harlekinfarbig. Die beiden Zeichnungsfarben, Schwarz und Gelb, sollten sich trotz des Langhaars noch gut voneinander abgrenzen. Die gelbe Farbe kann in ihrer Intensität variieren, jedoch ist eine satte Farbe vorzuziehen. Die Farbe der Augen ist braun, die Farbe der Krallen ist dunkel- bis hellhornfarbig.

0,1 Jamora

L. F.: Unreine, blasse oder verwaschene Farben.
S. F.: Weiße Abzeichen, außer unter dem Bauch.

Die **Kopfzeichnung** lebt vom Kontrast der schwarzen und gelben Blümung. Als ideal gilt jedoch die kreuzweise geteilte Zeichnungsanlage der Japanerkaninchen, welche die Ohren, den Kopf, die Brust und die Vorderläufe erfasst.
Die **Rumpfzeichnung** besteht aus Streifen und Farbfeldern analog derjenigen der Japanerkaninchen. Es sind mindestens zwei schwarze Farbfelder je Seite vorgeschrieben. Die Zeichnung ist umso wertvoller, je abwechslungsreicher sie ist.

Allgemeines

Über die Jamora wird seit ihrem ersten Erscheinen in der Züchterschaft sehr kontrovers diskutiert. Viele Züchter glauben, dass die Rasse keine Zukunft habe. Aber mit solchen Prognosen hat man sich schon bei mancher Neuzüchtung vertan – man denke nur an die Zwergwidder, die früher ähnlich belächelt wurden wie heute die Jamorakaninchen und die heute zu den gestandenen Rassen gehören. Züchterisch scheint mir wichtig, selektiv die Filzbildung zurückzudrängen und Tiere mit ständigem Haarwachstum, die geschoren werden müssen, auszumerzen. Tiere dieser Rasse, die für Zucht und Ausstellungen nicht gebraucht werden, gehören nicht in den Zoohandel: In den Händen von Unsachkundigen könnten sie – besonders Tiere mit ständig wachsendem Fell – sonst Tierschützer auf den Plan rufen.

Zwergkaninchen-Löwenkopf (ZwKLk)

Geschichtliches

Als einer der federführenden Förderer der Rasse gilt Jens Zscharschuch, der sich mittlerweile seit über zehn Jahren mit dieser Kaninchenrasse beschäftigt. Er sah die Tiere erstmalig auf einer Schau in Dänemark und war direkt begeistert. Nachdem er sich zunächst umfassend um die genetische Besonderheit partieller Langhaarigkeit informiert hatte, die in vielen Ländern auftrat und beschrieben wurde, fand er einige Mitstreiter, die sich der Rasse annahmen. Um sich nicht zu verzetteln, einigte man sich zunächst auf rhönfarbige Löwenköpfe, die man fortan gemeinsam züchterisch bearbeitete.
Bei dem Entwurf der Musterbeschreibung für die in Deutschland neue Rasse orientierte man sich an den bereits gültigen ausländischen Standards. Ursächlich für die partielle Langhaarigkeit ist ein unvollständig dominantes Gen (Symbol M), das bei reinerbigem Vorhandensein (MM) zu stärkerer Ausprägung der Mähne im Erwachsenenalter führt. Nachdem ab 2015 die rhönfarbigen Löwenköpfe im Einheitsstandard anerkannt sind, befassen sich Züchter mit der Herauszüchtung japanerfarbiger und weißer (BlA) Löwenköpfe.

Körperform, Typ, Bau, Stellung, Fellhaar

Gewicht: Normalgewicht über 1,4 bis 1,8 kg, Mindestgewicht 1,25 kg, Höchstgewicht 1,9 kg.

Form, Stellung: Der Körper ist leicht gestreckt, vorne und hinten gleich breit, mit ebenmäßiger Rückenlinie und gut abgerundeter Hinterpartie. Die Brust ist voll ausgeprägt, der Hals kurz mit kräftigem Nacken; der Schulterbereich ist geschlossen und gut bemuskelt. Ein kurz gedrungener Typ entsprechend den Typenzwergen (Hermelin, Farbenzwerge) ist nicht erwünscht. Die Vorderläufe sind kräftig entwickelt, die Hinterläufe stehen parallel zum Körper. Die Häsin ist im Ganzen etwas feiner gebaut als der Rammler. Häsin und Rammler sind frei von Wammenansatz.

L. F.: Leichte Abweichungen vom Typ, insbesondere etwas kurzer, gedrungen wirkender Typ.

S. F.: Stark abweichender, lang gestreckter oder stark gedrungener, blockiger Typ; Wammenansatz bei beiden Geschlechtern.

Kopf und Ohren: Der durch die längere Behaarung kräftig erscheinende Kopf weist eine gute Stirnbreite auf und sitzt ohne erkennbaren Hals am Rumpf; die Schnauzpartie ist gut entwickelt. Die besondere Kopfform der Typenzwerge ist jedoch unerwünscht. Die Ohren sind kräftig im Gewebe und werden leicht V-förmig getragen. Die ideale Ohrenlänge beträgt 6,5 bis 7,0 cm. Die Mindestlänge beträgt 5,5 cm, die Höchstlänge 8,0 cm.

0,1 Zwergkaninchen-Löwenkopf, rhönfarbig

L. F.: Nicht entsprechend ausgeprägte Kopfbildung; etwas kurze Ohren unter 6,0 cm und etwas lange Ohren über 7,0 cm; breit getragene Ohren; dünne, faltige oder spitze Ohren.
S. F.: Häsinnenkopf beim Rammler, ausgeprägter Rammlerkopf bei der Häsin; zu kurze Ohren unter 5,5 cm oder zu lange Ohren über 8,0 cm.
Fellhaar: In dieser Position werden nur die normalhaarigen Bereiche bewertet. Das Fellhaar im Rückenbereich und an den Seiten im Bereich der Rumpfmitte entspricht bei ausgewachsenen Tieren in seiner Struktur dem eines Normalhaarkaninchens. Es ist entsprechend dem Größenrahmen kurz und dicht und fühlt sich infolge des feineren Grannenhaars etwas weicher an. Die Ohren weisen eine kurze, das heißt normale Ohrenbehaarung auf; diese darf jedoch im unteren Ohrenbereich etwas länger, aber nicht langhaarig sein und unterstützt den Übergang zur Stirnbehaarung.
L. F.: Von den Rasseanforderungen etwas abweichende Fellhaarlänge oder Begrannung; längere Behaarung im oberen Ohrenbereich; Anlage zur Ohrbüschelbildung.
S. F.: Ausgesprochenes Langhaar in den Normalhaarbereichen; vom Rassetyp gänzlich abweichende grobe Begrannung; ausgeprägte Ohrbüschelbildung.

Bart, Stirnbüschel, Mähne, Rumpfvlies

Prägendes Rassemerkmal ist das Erscheinungsbild des löwenähnlichen Kopfes. Bart, Stirnbüschel, Mähne und eine teilweise längere Behaarung an Schenkel und Hinterhand (Rumpfvlies) bilden die besonderen Rassemerkmale: Die Backen, die obere Stirnhälfte und der Bereich des Ohrenansatzes sind langhaarig (Bart und Stirnbüschel). Die Augen sind nicht verdeckt. Nacken, Schultern und Brust sind ebenfalls langhaarig (Mähne) bei einer Haarlänge von etwa 6,0 cm; die Länge wird nicht gemessen. Ebenso erscheinen der Bereich der Hinterpartie (Schenkel und Hinterhand im Bereich der Blume) ersichtlich länger, wobei die Haarlänge der Mähne nicht erreicht werden muss. Eine durchgehend längere Flankenbehaarung ist nur bei Jungtieren erlaubt; bei ausgewachsenen Tieren ist der Bereich der Körpermitte normal behaart (vgl. Positon 3).

Bart, Stirnbüschel, Mähne und Rumpfvlies haben entsprechend der jeweiligen Länge eine leicht gewellte, angoraähnliche Haarstruktur, die deutlich feiner als das Normalhaar auf dem Rücken ist. Die Hinter- und Vorderläufe dürfen eine etwas längere Behaarung aufweisen. Bart, Stirnbüschel und Mähne verlieren altersbedingt an Intensität und sind bei älteren Tieren entsprechend zu bewerten. Die Mähne muss jedoch vollständig erhalten bleiben.
L. F.: Schwach ausgeprägter Bart, Stirnbüschel oder Mähne, außer bei überjährigen Tieren; schwache Ausbildung der längeren Behaarung an Schenkeln und Hinterhand; etwas volle Kopfbehaarung, welche die Augen verdeckt; angedeutete lange Seitenbehaarung bei Alttieren; leichte Filzbildung.

S. F.: Fehlen eines der Merkmale Bart, Stirnbüschel oder Mähne; gänzlich normalhaarige Schenkel- und Hinterhandbehaarung; durchgehende lange Flankenbehaarung bei Alttieren; starke Filzbildung (schwerer Strukturmangel).

Farbe

Anerkannt ist der Farbenschlag **Rhönfarbig**. Die Anforderungen der Ausgangsrasse sind sinngemäß anzuwenden, wobei die länger behaarten Körperstellen entsprechend zu berücksichtigen sind.

Allgemeines

Die Rasse ist genetisch hochinteressant, weil es sich bei dieser einzigartigen Behaarung um die einzige dominante Haarstrukturmutation handelt. Mit den Rhönfarbigen ist erst einmal ein solider Anfang geschaffen. Sicher ist es nun auch interessant, Farben zu züchten, bei denen die verschiedene Behaarung noch durch Verschiedenfarbigkeit unterstrichen wird, beispielsweise die Thüringerfarbe (Gelb ohne Wildfaktor) oder die Marderfarbe, aber das ist noch Zukunftsmusik.
Interessant und hübsch sind die Löwenköpfe schon und die Tendenz zu kleineren Rassen wird sie weiter fördern. Wichtig ist jedoch zum einen, dass die Tiere sauber gehalten werden, zum anderen, dass Tiere, die im Langhaarbereich zum Filzen neigen, nicht zur weiteren Zucht verwendet werden, weil das sicher im Sinne des Tierschutzes ist.

Zwergfuchskaninchen (ZwFu)

Zuchtziel

Zuchtziel ist ein Zwergkaninchen mit Typ und Körperform des Hermelinkaninchens, kombiniert mit dem Fell des Fuchskaninchens.

Geschichtliches

Mit der Herauszüchtung der Zwergfuchskaninchen begann Horst Weißbach in der ehemaligen DDR Anfang der 1970er-Jahre. Ausgangsrassen dazu waren Hermelin und die großen Fuchskaninchen, havannafarbig. Das Ziel war ein Zwergkaninchen mit Langhaar. Die Zwergfuchskaninchen wurden 1980 in der DDR anerkannt, gleichzeitig wurden sie auch in Westdeutschland erzüchtet und dort 1986 ebenfalls anerkannt.

Körperform, Typ, Bau, Stellung, Fellhaar

Gewicht: Wie beim Hermelin, Normalgewicht über 1,1 bis 1,35 kg, Mindestgewicht 1 kg, Höchstgewicht 1,5 kg.
Form, Stellung: Gedrungen, walzenförmig, vorne und hinten gleich breit.

Kopf: Im Verhältnis zur Größe des Tieres ist der Kopf groß. Er ist kurz und dick, Stirn und Schnauze sind breit, beim Rammler in Augenhöhe etwa 5,5 cm, bei der Häsin etwa 5 cm. Die Augen sind groß und treten etwas hervor.
Ohren: Die Ohren sind kurz, relativ eng zusammenstehend und an den Enden gut gerundet. Als Ideal gilt eine Ohrlänge von 5,5 cm.
Fellhaar: Die Behaarung ist 3,5 bis 5 cm lang am ganzen Körper einschließlich Bauch. Die Begrannung soll kräftig und gleichmäßig entwickelt sein. Kopf, Ohren und Läufe weisen eine normale Behaarung auf.

Farbe

Anerkannt sind nur die Farbenschläge **Weiß (Rot- und Blauaugen), Schwarz, Havannafarbig, Fehfarbig** und **Gelb**.
Die Farbe muss am ganzen Körper gleichmäßig vorhanden sein, wobei die Deckfarbe wegen der Haarlänge leicht fahl erscheint. Die Bauchdeckfarbe ist bei allen Farbenschlägen etwas matter. Die kurzbehaarten Körperstellen (Kopf, Ohren und Läufe) sind bei allen Farbenschlägen intensiv farbig.
Zuletzt anerkannt wurde der Farbenschlag Gelb. Die Farbe des Zwergfuchskaninchen gelb ist angelehnt an die Burgunderfarbe: Die Deckfarbe ist gelbrot. Nase, Augen und Kinnbackeneinfassung sind hell bis cremefarbig. Die Bauchdeckfarbe

1,0 Zwergfuchskaninchen, weiß BlA

ist cremefarbig bis weiß. Die Unterseite der Blume ist ebenfalls cremefarbig bis weiß. Die Augen sind braun, die Krallen horn- bis dunkelhornfarbig.
L. und S. F.: Für die leichten und schweren Abweichungen der Deckfarbe und Gleichmäßigkeit gelten prinzipiell die entsprechenden Fehler der Ausgangsrassen. Auf die farblichen Auswirkungen des längeren Fellhaars ist Rücksicht zu nehmen.

Die **Unterfarbe** soll bei allen Farbenschlägen kräftig in Erscheinung treten. Bei den gelben Zwergfuchskaninchen ist die Unterfarbe etwas heller als die Deckfarbe. Sie soll rein sein und wird am Haarboden etwas heller.
L. und S. F.: Für die leichten und schweren Abweichungen der Unterfarbe gelten prinzipiell die entsprechenden Fehler der Ausgangsrassen. Auf die farblichen Auswirkungen des längeren Fellhaars ist Rücksicht zu nehmen.

Bei den weißen Zwergfuchskaninchen werden Kopf, Ohren und Farbe jeweils in einer eigenen Position bewertet.

Allgemeines

Die Zwergfuchskaninchen sind zwar noch relativ selten, qualitativ jedoch recht ansprechend. Bleibt zu hoffen, dass auch diese Rasse sich einen festen Stamm an Liebhabern erwirbt. Sie ist nicht nur für Züchter attraktiv, sondern auch für die großen und kleinen Freunde der Kaninchen, die unsere Ausstellungen besuchen.

Abteilung VIII – Neuzüchtungen

Klein-Rexe

Geschichtliches

Zwischen den Zwerg-Rexen und den normalen Rexen sind als dritte Varietät die Klein-Rexe am entstehen. Einige Farbenschläge sind schon recht weit entwickelt.

Körperform, Typ, Bau, Stellung, Fellhaar

Gewicht: Normalgewicht 2,00 bis 2,50 kg, Mindestgewicht 1,70 kg, Höchstgewicht 2,75 kg.

Form, Stellung: Infolge der Kurzhaarigkeit treten die einzelnen Körpermerkmale stärker in Erscheinung als bei den normalhaarigen Kleinrassen. Dies ist bei der Beurteilung der Form zu berücksichtigen. Der Körper ist leicht gedrungen, vorne und hinten möglichst gleichmäßig breit; die Rückenlinie ist hinten gut abgerundet. Die Läufe sind kräftig und in ihrer Länge dem Klein-Rex-Typ angepasst, die Blume liegt fest am Körper an. Der Körper der Häsin unterscheidet sich von dem des Rammlers kaum und ist wammenfrei.

Kopf: Der Kopf erscheint ein wenig länglich, Stirn und Schnauzenpartie sind jedoch breit, die Backen kräftig, dem Klein-Rex-Typ entsprechend.

Ohren: Die Ohren werden straff aufgerichtet getragen; sie sind kräftig und fest im Gewebe. Die ideale Ohrenlänge liegt bei 8 bis 9 cm.

L. F.: Siehe „Allgemeines“, ferner leichte Abweichungen vom Typ, insbesondere verjüngte oder leicht gestreckte Form; Wammenansatz bei der Häsin.

S. F.: Siehe „Allgemeines“, insbesondere stark vom Typ abweichender schmaler und lang gestreckter Rumpf; stark vom Rasse- bzw. Geschlechtstyp abweichende Kopfbildung; Ohrenlänge unter 7 und über 10 cm.

Fellhaar: Die folgenden Bestimmungen gelten für alle Klein-Rexe. Das Fellhaar ist sehr dicht und besitzt ein auf dem Haarboden fast senkrecht stehendes Haar, das auf der Rückenmitte eine Länge von 17 bis 20 mm hat. Die einzelnen Haare dürfen weder wellig sein noch Locken bilden. Sie müssen über eine genügende Stabilität verfügen. Wenn man mit der flachen Hand gegen den Strich über das Fell streicht, sollen die Haare fast senkrecht stehen bleiben oder nur langsam in ihre Ausgangslage zurückgehen. Bleiben sie nach dem Streichen gegen den Strich liegen, so ist dies ein Anzeichen von dünnem Fellhaar. Die feinen, nicht gekrümmten Grannenhaare sollen mit dem Unterhaar in gleicher Höhe abschneiden. Die Grannenspitzen dürfen aus dem Wollflaum höchstens 1 mm herausragen. Der Nackenkeil soll möglichst klein und lockenfrei sein. Doch werden sich wellige oder lockige Haare im Nackenkeil und am Bauch (Geschlechtspartie) nicht vermeiden lassen. Je glatter die Nackenpartie, desto besser die Haarstruktur auch auf den übrigen Körperpartien und desto wertvoller das Fellhaar. Die Ohren sind gut behaart.

L. F.: Siehe „Allgemeines“, ferner Besonderheiten zum Fellhaar der Kurzhaarrassen: leichte Wirbel-oder Lockenbildung in der Decke (ausgenommen Keil und Bauch); leicht überstehende Grannen; wenig Unterhaardichte, dünnes Fellhaar, wenig behaarte Ohren, wenig Spürhaare.
S. F.: Siehe „Allgemeines“, ferner Besonderheiten zum Fellhaar der Kurzhaarrassen: zu kurzes oder zu langes Haar; sehr lange Begrannung; starke Wirbel oder Lockenbildung in der Decke; nicht überdeckbare Kahlstellen am Sprunggelenk bei ausgestrecktem Hinterlauf; gänzlich fehlende Spürhaare.

Farbe

Zurzeit befinden sich Klein-Rexe in den Farbenschlägen **Luxfarbig, Blau, Castorfarbig, Japanerfarbig, Schwarz** und **Dalmatiner, schwarz-weiß** in teilweise schon recht ansprechender Qualität im Anerkennungsverfahren.
Diese interessante Neuzüchtung dürfte den Weg in den Standard finden.

Genter Bartkaninchen (GBK)

Geschichtliches

Das Genter Bartkaninchen ist eine ursprünglich aus Frankreich stammende, sehr seltene Kaninchenrasse. Während einer Ausstellung 1962/63 in Gent (Belgien) wurde versucht, das aus Frankreich eingeführte Bartkaninchen unter dem Namen „Gentse Baarden“ („Genter Bartkaninchen“) als neue Rasse vorzustellen, es wurde aber nicht als Rasse anerkannt. Anfang der 1990er-Jahre kamen die ersten Tiere nach Deutschland. Heute wird die Rasse von etwa 120 Züchtern in Belgien, Deutschland, Luxemburg, Österreich und der Schweiz gezüchtet. Seit Juni 2011 ist das Bartkaninchen unter dem Namen „Genter Bartkaninchen“ für die Neuzucht im Zentralverband Deutscher Rasse-Kaninchenzüchter (ZDRK) zugelassen. In Belgien, wo die Bezeichnung auch „Genter Bartkaninchen“ lautet, sind die Bartkaninchen seit 2007 anerkannt.

Körperform, Typ, Bau, Stellung, Fellhaar

Gewicht: Normalgewicht 4,25 kg, Mindestgewicht 3,25 kg, Höchstgewicht 5,25 kg
Form, Stellung: Der Körper ist leicht gestreckt, von vorne bis hinten gleich breit, mit ebenmäßiger Rückenlinie und gut abgerundeter Hinterpartie. Die Brust ist voll ausgeprägt, der Hals ist kurz mit kräftigem Nacken, der Schulterbereich ist geschlossen und gut bemuskelt. Die kräftigen mittellangen Vorderläufe bewirken die Bodenfreiheit; die Hinterläufe stehen parallel zum Körper. Die Häsin ist etwas feingliedriger gebaut, sonst unterscheiden sich Rammler und Häsin kaum. Die Häsin ist möglichst wammenfrei.
L. F.: Siehe „Allgemeines“, ferner größere Wamme bei Häsinnen; lange dünne Läufe.
S. F.: Siehe „Allgemeines“, ferner zu große, stark ausgeprägte Wamme bei Häsinnen.

Kopf und Ohren: Der durch die längere Behaarung kräftig erscheinende Kopf sitzt ohne erkennbare Halsbildung dicht am Rumpf. Die Ohren sind von kräftiger Struktur und gut aufgesetzt, die ideale Ohrenlänge beträgt 12,5 bis 13,5 cm.
L. F.: Schwacher Kopf; dünne oder faltige Ohren; vom Ideal etwas abweichende Ohrenlänge.
S. F.: Ohrenlänge unter 11,5 oder über 14,5 cm.
Fellhaar: Bewertet wird der normalhaarige Bereich. Das Fellhaar entspricht im Rückenbereich sowohl in der Länge als auch in seiner Struktur dem eines Normalhaarkaninchens. Es ist mittellang, dicht im Unterhaar mit guter gleichmäßiger Begrannung.

Bart, Stirnbüschel, Mähne und Flankenbehaarung

Bart, Stirnbüschel, Mähne und Flankenbehaarung bilden die besonderen Rassemerkmale. Die Backen haben eine längere Behaarung (Bart), ebenso die obere Stirnhälfte sowie der Bereich des Ohrenansatzes (Stirnbüschel); Nacken, Schultern und Brust sind ebenfalls langhaarig (Mähne); länger behaart ist auch der Bereich der Flanken von den Schultern bis zur Blume. Tiere mit durchgehender Flankenbehaarung werden bevorzugt. Die Hinterläufe können eine etwas längere Behaarung aufweisen. Bart, Stirnbüschel, Mähne und Flankenbehaarung haben entsprechend der jeweiligen Länge eine leicht gewellte Haarstruktur, die feiner als die Rücken-

0,1 Genter Bartkaninchen, wildfarben

behaarung ist und in etwa jener der Fuchskaninchen entspricht. Die Länge beträgt ungefähr 7 cm; sie wird nicht gemessen.
L. F.: Bart, Stirnbüschel oder Mähne schwach ausgeprägt; unterbrochene Flankenbehaarung; reichlich volle Kopfbehaarung, welche die Augen verdeckt; Anlage zu Ohrenbüscheln (Ohrenbehang).
S. F.: Fehlender Bart; fehlende Mähne; fehlender Stirnbüschel; gänzlich fehlende Flankenbehaarung.

Farbe

Es gelten die Bestimmungen der Ausgangsrassen. Als Neuzüchtung zugelassen ist der Farbenschlag Wildfarben. Für die diesbezüglichen farblichen Anforderungen hinsichtlich Deck-, Zwischen- und Unterfarbe sind die allgemeinen Bestimmungen maßgebend.

Allgemeines

Zwar erfreuen sich die Genter Bartkaninchen großer Beliebtheit, jedoch zeigen die vorgestellten Tiere noch in fast allen Positionen deutliche Mängel, die es gilt züchterisch zu beseitigen. Lediglich Bart, Stirnbüschel, Mähne und Flankenbehaarung sind eine Paradeposition der Rasse, in der man sehr viel Erfreuliches findet. Dennoch darf man, wenn weiter so viele ihr die Stange halten und die Rasse nachhaltig verbessern, mit alsbaldiger Anerkennung der Genter Bartkaninchen rechnen.

Weitere Neuzüchtungen

Im Anerkennungsverfahren befinden sich des Weiteren folgende neue Rassen:

- **Zwergwidder-Satin, castorfarbig**
- **Zwergwidder-Satin, thüringerfarbig**
- **Zwergwidder-Angora, weiß Blauaugen.**

Darüber hinaus beschäftigen sich zurzeit Züchter mit folgenden neuen Farbenschlägen anerkannter Rassen:

- **Kleinschecken, wildfarben-weiß**
- **Kleinwidder, weißgrannenfarbig-schwarz**
- **Farbenzwerge, gescheckt (Mantelzeichnung) in wildfarben-weiß, havannafarbig-weiß und rot-weiß**
- **Zwerg-Satin, thüringerfarbig**
- **Hotot-Rexe**
- **Thüringer-Rexe**
- **Löwenkopfkaninchen, japanerfarbig**
- **Löwenkopfkaninchen, weiß Blauaugen**

1,0 Hotot-Rexe

1,0 Farbenzwerge, gescheckt wildfarben-weiß